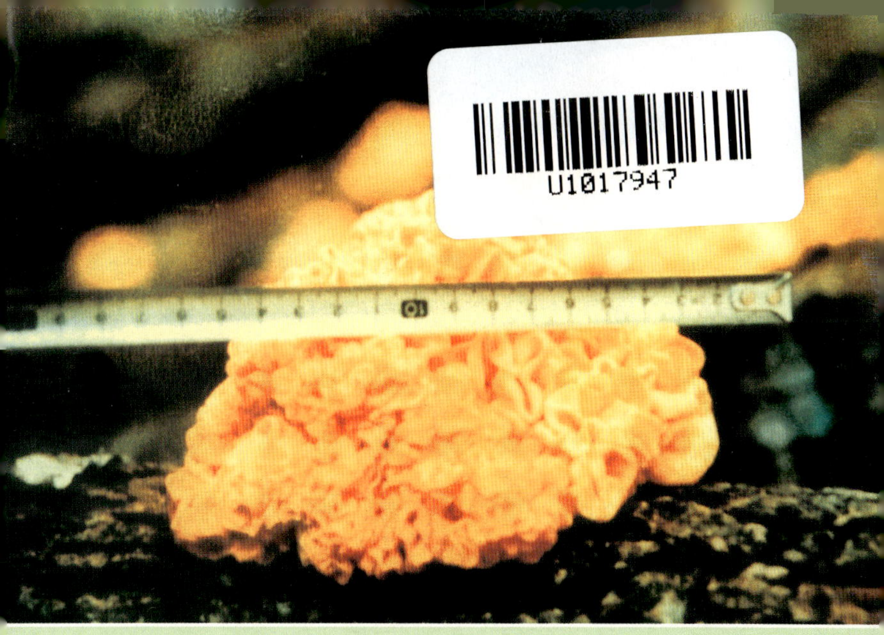

1984年，用黄毛青冈（黄栎木）中批量栽培金耳，最大子实体鲜重820克

1984年，用黄刺栎段木中批量人工栽培金耳的出耳情形

用最佳适生树种黄毛青冈（黄栎木）段木中批量人工栽培金耳获得成功，1984年首次通过云南省科技成果鉴定

1986年，用黄毛青冈（黄栎木）段木大面积栽培金耳的子实体生长状态

1986年，用黄刺栎段木大面积栽培金耳，最大子实体鲜重968克

1988年，用适生阔叶木屑批量袋栽金耳的子实体生长状态

1988年，用棉籽壳批量袋栽金耳的子实体生长状态

1984年6月，中批量金耳段木人工栽培获得第一批出大耳的子实体，品质明显优于野生金耳

引种驯化获得的第一朵金耳子实体，于1983年1月16日通过云南省科技成果鉴定

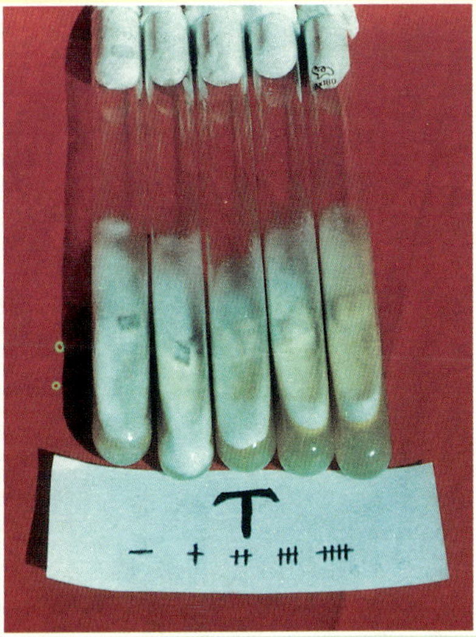

1983年，初筛金耳母种的不同培养性状分级标准，1~3级有效出耳率较高

1984年，用有效优良原种的耳块接种，容易获得有效优良原种，菌料菌丝体疏松，取菌料容易（图左）；用有效菌料接种，容易转变成无效劣质菌种，菌料菌丝体浓密，取菌料十分困难（图右）

1985年，用斜面母种的耳块接种，多半获得有效菌种；用斜面母种的菌丝体接种，多半获得无效菌种

1985年，用蘑菇瓶投耳法制作金耳有效优良平板母种的培养性状，成品率高达100%

1985年，用罐头瓶投耳法制作金耳有效优良平板母种的培养性状，成品率高达100%

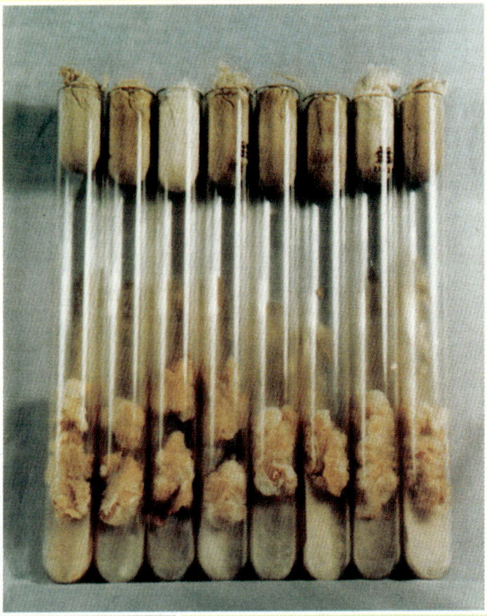

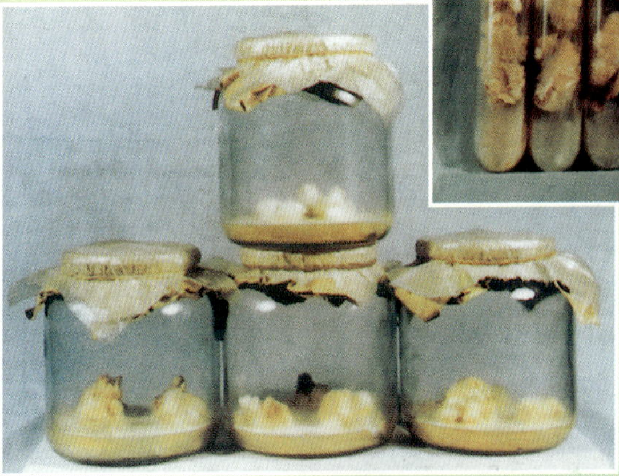

1985年，用优良种耳继代复制金耳有效优良母种的培养性状

1985年，用蘑菇瓶装料半瓶量制作金耳有效优良原种的培养性状，成品率通常高达100%

1986年，用平板母种的优良种耳块（$1cm^2$）接种，通常获得有效优良菌种，菌料菌丝疏松，取菌料容易

1983年，用罐头瓶封闭式培养金耳耳块，待子实体长大后，开瓶通风保湿培养，通常只能局部转色

1983年，用罐头瓶透气式培养出耳，透气程度影响子实体的转色程度，通常形成局部转色的子实体

1983年，不同程度的透气培养，子实体只能局部转色

1984年，用蘑菇瓶全封闭式培养出耳，子实体通常呈白色脑耳状态

1985年，用罐头瓶优良种耳耳块接种，全封闭式培养出耳，子实体通常呈白色脑耳，菌料菌丝疏松；用斜面菌丝体接种作对照，通常获得无效劣质菌种，菌料菌丝浓密，取菌料十分困难

1985年，采用小型聚丙烯塑料袋立式封闭式培养小耳块，加少量有效菌料，待耳块开始长大时，去套环卷袋开放式出耳、转色、开瓣状态

1986年，用罐头瓶封闭式培养小耳，待小耳开始长大，顶开接种穴的封口胶布时，及时开放式保湿出耳的转色及开瓣状态

1986年，用双节塑料瓶封闭式培养小耳块，待小耳块开始长大，顶着瓶口颈部时，及时揭开上节瓶盖，开放式通风保湿出耳的转色及开瓣状态

1986年，采用大型聚丙烯塑料袋，立式袋身打穴接种小耳块，封闭式培养，待耳块开始长大，顶开封口胶布时，开放式出耳、转色、开瓣状态

1986~1988年，用最佳代用料棉籽壳，中批量封闭式培养小耳、碎耳加有效菌料，待耳块开始长大，及时开放式出耳的转色及开瓣状态

1985年，采用良种良法播种、发菌、出耳，100%的耳穴连续出耳状态

气候干旱，喷水不充分，段木栽培金耳出耳较晚，较少，较小

雨季来临，金耳出耳又早又多，最大子实体鲜重达1050克

野生金耳与伴生毛韧革菌的相关性：树干上的毛韧革菌生长发育占优势，故形成的金耳子实体较小，发育不良

1985~1986年，云南省漾濞县贫困山区有名的贫困农户应用项目主持人的鉴定成果，大面积种植金耳，第一年就脱贫致富

1985~1989年，山东省高青县食用菌技术开发公司采用项目主持人的新技术批量袋栽金耳，都获得成功，通过省级科技成果鉴定，拍摄科教电影在全国放映

1985~1987年，云南省漾濞等九个县采用项目主持人的鉴定成果，大面积栽培金耳，连续三年获得成功，通过县级科技成果鉴定，获省级科技成果奖

金耳人工栽培技术

刘正南　郑淑芳　著

金盾出版社

内 容 提 要

本书作者是国内外金耳引种驯化和段木、代料批量栽培的首创者。本书是作者10余年来关于金耳科研、生产成果和大面积推广实践的经验总结。全书分5章全面系统地介绍了国内外金耳研究的概况、经济价值和开发利用状况，金耳的生物学和生理学特性，菌种的制备及原理、良种选育和保藏，段木、代用料人工批量栽培技术，病虫害防治及原理，产品的采收、加工和保藏。该书内容丰富，科学性、实用性和可操作性强，具有很高的经济效益和社会效益。适合广大食药用菌栽培、加工、研制工作者，农林科技人员和农林院校有关专业师生阅读。

图书在版编目(CIP)数据

金耳人工栽培技术/刘正南，郑淑芳著. —北京：金盾出版社，2002.3

ISBN 7-5082-1839-6

Ⅰ.金… Ⅱ.①刘…②郑… Ⅲ.金耳-栽培 Ⅳ.S646.6

中国版本图书馆CIP数据核字(2002)第006783号

金盾出版社出版、总发行

北京太平路5号(地铁万寿路站往南)

邮政编码:100036 电话:68214039 68218137

传真:68276683 电挂:0234

彩色印刷:北京3209工厂

黑白印刷:北京万兴印刷厂

各地新华书店经销

开本:787×1092 1/32 印张:6.25 彩页:16 字数:127千字

2002年9月第1版第2次印刷

印数:11001—22000册 定价:8.00元

(凡购买金盾出版社的图书，如有缺页、倒页、脱页者，本社发行部负责调换)

目　录

第一章　概述 …………………………………………………（1）
第一节　国内外金耳研究概况 ……………………………（3）
第二节　金耳的经济价值和开发利用状况 ………（4）
一、食用和药用价值……………………………………………（4）
二、野生金耳的生长状况和驯化途径………………（7）
三、人工栽培金耳的开发利用状况………………………（8）
四、市场展望预测……………………………………………（9）
第二章　金耳的生物学特性 ……………………………（10）
第一节　金耳的分类学地位和形态特征 ……………（10）
一、分类学地位………………………………………………（10）
二、产地和分布………………………………………………（10）
三、形态结构特征……………………………………………（12）
四、对金耳形态结构特性的初步订正…………………（20）
第二节　金耳的生长发育循环(生活史) ……………（23）
第三章　金耳的生理学特性 ……………………………（28）
第一节　人工栽培金耳的生长发育条件 ……………（28）
一、温度…………………………………………………………（30）
二、湿度…………………………………………………………（32）
三、酸碱度(pH 值) ……………………………………………（36）
四、光照度………………………………………………………（37）
五、通风透气度(氧和二氧化碳)…………………………（38）
六、基质营养……………………………………………………（41）

七、生物条件(伴生菌)………………………………(42)
第二节　金耳各类型孢子的萌发生理 ……………………(48)
第三节　金耳的生理特性及有效优良菌种的制备原理 ……………………………………………(48)
一、耳木分离培养与出耳率的关系……………………(50)
二、孢子分离培养与出耳率的关系……………………(51)
三、子实体组织分离培养法与大面积生产……………(54)
第四章　人工栽培新技术 ………………………………(60)
第一节　菌种的制备方法和技术 ………………………(61)
第二节　有效优良菌种的选育和保藏 …………………(61)
一、有效优良原种的种耳继代复制选优法……………(64)
二、有效优良菌种的低温整体保藏法…………………(72)
第三节　无效劣质菌种的鉴别和防除 …………………(81)
第四节　段木人工栽培 …………………………………(82)
一、栽培场地的选择和耳房棚的设置…………………(86)
二、段木栽培适生树种的选择、确定和培植 …………(97)
三、段木接种前的准备 ………………………………(103)
四、段木接种及要点 …………………………………(105)
五、段木发菌和管理 …………………………………(107)
六、段木的排场及出耳管理 …………………………(108)
第五节　代用料人工栽培………………………………(109)
一、培养基的选择和调制 ……………………………(111)
(一)母种培养基的选择和调制………………………(112)
(二)原种和栽培种培养基的选择和调制……………(115)
二、有效优良菌种的分离和培养 ……………………(118)
三、制种培养和出耳管理 ……………………………(118)

(一)蘑菇瓶、罐头瓶、塑料瓶、塑料袋封闭式制种培养,半开放式出耳和管理 …………(118)
(二)蘑菇瓶、罐头瓶、塑料瓶、塑料袋封闭式培养菌种,半开放式或开放式出耳 ………(119)
(三)高压聚乙烯薄膜筒、聚丙烯薄膜袋和低压聚乙烯薄膜筒(袋)封闭式培养,开放式出耳…………………………………(126)
(四)不同栽培方式的栽培管理技术要点分析 ……………………………………(132)
第五章　金耳的采收、加工和贮藏 …………(136)
第一节　采收的适期、方法和要点 …………(136)
第二节　金耳的食用、药用和加工 …………(137)
一、风味食品、饮料、保健食品和药酒类 …………(140)
二、各式中、西糕点……………………………(144)
三、肉制品汤菜烹调 …………………………(144)
四、轻工化妆美容品 …………………………(145)
五、金耳下脚料菌类广谱培养基研制 …………(145)
第六章　金耳的病虫害及其防治………………(145)
第一节　常见的病害种类…………………………(146)
一、真菌病害 …………………………………(146)
二、细菌和酵母菌病害 ………………………(149)
第二节　常见的主要虫害和鼠害…………………(151)
第三节　病虫害的综合性防治……………………(152)
一、选育抗病良种 ……………………………(154)
二、加强生态、生理防治…………………………(155)
三、物理、化学防治…………………………(158)

四、其他辅助性的综合措施 ……………………… (159)
五、及时鉴别，准确防除………………………… (160)

附录

金耳(Tremella aurantialba Bandoni & Zang. sp. nor.)国家级制种技术规范试行方案(草案要点) ………………………………………… (163)

第一章　概　述

金耳是一种珍贵稀有的野生食用菌和药用菌，也是轻工、美容化妆品和制作菌类广谱培养基的重要原材料。金耳生产列入笔者主持的研究课题。经笔者野外考察，引种驯化，已能人工批量栽培，并在应用基础理论上获得了新突破。

从总体上看，新开发成功的金耳，也和传统商品化大生产的银耳、木耳、猴头、香菇、平菇、金针菇以及其他可食的木腐菌一样，都是起源于野生的木材腐朽菌类，都能在适应的枯死树木、倒木、伐桩以及枯枝、枯干上生长发育，而不能在生长良好的活树上生长。因此，与纯土生菌、菌根菌、强腐生菌以及其他共生菌类相比，它们是能够人工驯化和批量栽培的，但从个体的生活习性上看，金耳与习性相近的银耳和习性较远的木耳、猴头、香菇、平菇、金针菇以及其他可食的木腐菌不同。金耳和银耳单一型菌丝体几乎完全不能独立分解基物的粗纤维（粗纤维是由纤维素、半纤维素、木质素和果胶等组成的混合物，存在于植物的细胞壁中），它们的正常生长发育必须紧紧依靠着另外一种伴生菌，也叫做耳友菌的友好帮助，将金耳单一型菌丝体和银耳单一型菌丝体不能独立分解的基质分解转化为金、银两耳单一型菌丝体能够吸收利用的营养物质，它们才能够正常地生长发育，形成混杂型的金耳菌丝体和子实体。两种菌丝体搭配得越合理，则金耳子实体越大，品质也越好，混杂型菌丝体基物的出耳率也越高，形成人们食用的中型或大型子实体。当基质上伴生的这种耳友菌旺盛生长，基质中大量的营养物质都被这种伴生菌直接吸收和利用时，这种耳友菌又成为直接威胁金耳、银耳正常生长发育的害菌，使金耳和银耳不能正常生长发育，甚至根本不能生长。因此，它们同属于特殊类型的枯、腐木共生菌。而其他很多可食的木腐菌，例如，常见的平菇、香菇、金针菇、猴头菇和木耳，它们在野生或人工栽培条件下，都能够独立地在基物上正常生长发育，形成人们食用的中、大型子实体。因此，在野生条件下，金耳和银耳的自然资源量都很稀少，多数个体小、品质差，而其他可食木腐菌，不仅分布广，而且资源量较大，品质优。由于生活习性上的这些明显差异，在野生条件下，能够独立在基物上正常生长发育的平菇、香菇、金针菇、猴头菇和木耳等木腐菌，它们自野生环境引为家种已有数百年，甚至千余年的生产历史。而银耳，特别是金耳，自野生引为家种，获得高产稳产，却经历了复杂而漫长的研究历程。

在菌物分类学中，金耳和银耳，属于同一属的菌类，它们的生活习性，很多地方是近似的，但又有所不同，除形态差异外，最大的区别是，金耳与其伴生菌（耳友菌）是同体共生的，就是说，每一个金耳的子实体和菌丝体，都是由金耳型菌丝体和革菌型菌丝体联合组成的异质复合体，两种菌丝的自然搭配，总是难舍难分。银耳与其伴生菌（耳友菌），却是离体伴生的，就是说，银耳子实体只是由单一型的银耳菌丝体所组成，并不存在耳友“香灰菌”型菌丝，这种特殊的差异，使金耳的生态学、生物学、生理学性状变得比银耳更加复杂和特殊。认识以上的共性和特性，对学习和掌握金耳的引种驯化和批量人工栽培获得成功，都是十分重要的。

第一节 国内外金耳研究概况

早在1815～1822年，世界上最著名的菌物学家爱丽斯·佛雷斯(Eles Fries)首先研究了金耳的特异性，发现金耳与很多单一体菌类如木耳、香菇、猴头菇等都不相同，与近缘的银耳属(Tremella Dill. ex Fr.)中的一些种也有所不同，所以专门论述并正式建立一个新属：即耳包革属或白耳属(Naematelia Fries)。将原来属于银耳属中的金耳，改隶于耳包革属中。强调指出：由于金耳子实体系由外层的金耳与内层的革菌(Stereum型)联合组成**异质复合体**，因此，金耳的引种驯化十分困难。以后，世界各国的许多菌物学家，都同意佛雷斯的这种看法，把金耳引种驯化视为难关和禁区。在很长时期内，没有人驯化培育金耳，直到1961～1965年，世界上著名的银耳目(Tremellales)专家巴多尼(R. J Bandoni)教授，首先驯化培养金耳，但未获得子实体。1963～1965年，日本著名的菌物学家小林义雄等，也对金耳的驯化培养进行研究，也未获得金耳的子实体。从此，科技界、学术界更把金耳引种驯化视为难关和禁区。

1976～1983年，国内外的一些真菌学家，沿用Eles Fries氏的论点，也对金耳的驯化栽培进行研究，强调金耳的制种，必须在子实体内外交界的有限部位，索取小块组织，才能获得金耳和粗毛革菌混合菌丝的出耳菌种，虽然分离获得了金耳的母种和原种，但有效率和出耳率低而不稳定，甚至完全不能出耳。截至1988年底，均未见到中、小批量栽培金耳成功的报道。

1982～1996年，笔者在前人工作的基础上，认真总结前人的正、反面经验，多途径、多方法地大胆探索，取得了重大的突破。至1990年10月份，已完成了金耳野生资源考察，引种驯化，段木、代料批量人工栽培和大面积推广，变野生稀有的珍贵资源为能够大批量商业化经营的新产品，取得了明显的经济效益和社会效益。长期的生产实践证明，已取得的科学理论和比较成熟的攻关技术工艺，能够在国内外广泛推广应用，并提出了一些新的论点、实验技术和订正意见。专家们认为，该项成果，属于国内外首创，具有先进水平。为了便于查证和应用，笔者于1991年5月已将历年来公开发表的金耳文献汇集成金耳(Tremella aurantialba Bandoni & Zang. sp. nor.)开发及应用生物学实验研究文献汇编，在同行业内广泛发行交流。"汇编"仍保留历史文献原状，只适当增补科技实物附图，供读者鉴别和对照，金耳的拉丁学名，应全部订正为 Tremella aurantialba Bandoni & Zang.，对历史上存在争议的个别问题，笔者在金耳科技档案，金耳资源成果展览馆，科研、生产、大面积推广的新产品、新技术资料展销室内，分别有专文、实物、科技图片和各类证件揭示或订正。鉴于金耳结构、生理特性复杂，一些难度很大的应用基础理论和生产技术问题有待进一步深入研究。

第二节　金耳的经济价值和开发利用状况

一、食用和药用价值

金耳又名橙黄银耳、黄金银耳、脑形银耳、肠状银耳、黄木耳、金木耳、脑耳、胶茸。它起源于野生，是20世纪80年代中期才开始大批量栽培的食、药兼用菌。其子实体(食、药用部分)气味清香、食味鲜美、营养价值较高,便于加工和保藏,是一种理想的保健食品。据云南省农业科学院1983年分析,每100克子实体内含水分14.01～14.33克,脂肪1.7～2.96克,粗蛋白质8.12～9.46克,提出纯蛋白质为7.04～8.47克,总糖量14.38克,还原糖6.83～6.88克,粗纤维2.54～2.64克,碳水化合物65.81～66.74克,灰分3.36～3.44克(表1)。据北京市营养源研究所分析室检验,人工栽培金耳含有18种氨基酸,其中有人体必需的8种氨基酸,含量较高(表2)。人工栽培的金耳品质普遍较野生金耳优良,营养成分含量较高。

表1　野生金耳和人工栽培金耳的营养成分分析比较

(每100克金耳含量,单位:克)

样品名称	水分	粗蛋白质	纯蛋白质	脂肪	碳水化合物	总糖量	还原糖	灰分	粗纤维
栽培金耳	14.33	9.46	8.47	1.7	66.74	----	6.83	3.44	2.54
野生金耳	14.01	8.12	7.04	2.96	65.81	14.38	6.88	3.36	2.64

注:虚线为未经测定

野生金耳产于云南省丽江林区,鲜耳最大子实体直径只有7.6～8.8厘米×11.4～12.6厘米,罕见,重180～266克。人工段木栽培金耳,产于云南省大理林区,最大鲜耳子实体直径21.9～24.8厘米×24.6～26.7厘米,比较多见,重626～1 056克。棉籽壳和杂木屑袋栽金耳,产于全国各大区(点),良种良法,每耳穴或袋口,可以连续出耳6～8次,少数可达10次,最大鲜耳子实体直径14.5～28.8厘米,重684～1 090克,比较多见。菌包越大,出耳越大。据文献报道,现代科学研究证明,金耳的滋补营养价值优于银耳、黑木耳等胶质菌类,是一种理想的高级筵宴佳肴和保健佳品。东南亚地区,誉金耳为

表 2 人工栽培金耳的氨基酸含量

（每 100 克金耳含量，单位：克）

天冬氨酸	苏*氨酸	丝氨酸	谷氨酸	脯氨酸	甘氨酸	丙氨酸	胱氨酸	缬*氨酸	蛋*氨酸	异*亮氨酸	亮*氨酸	酪氨酸	苯*丙氨酸	赖*氨酸	组氨酸	精氨酸	色*氨酸
0.80	0.48	0.42	0.75	0.34	0.39	0.48	0.19	0.43	0.10	0.72	0.81	0.32	0.35	0.38	0.22	0.53	0.11

注：表中金耳氨基酸含量是北京市营养源研究所分析室 2002 年 1 月 25 日检验的，检验所用金耳样品是作者 2001 年上半年购买自用的混合等级干品。标有 * 的氨基酸为人体必需的氨基酸

美容食品。

医药学和古籍记载，金耳子实体，性温中带寒，味甘，能化痰止咳、定喘镇静、调气提神、平肝阳，具有治疗心脑血管疾病和保护肝脏，提高造血功能，降低血糖等药理和临床作用。主治肺热、痰多、感冒、咳嗽、气喘、气虚、久病和产后虚弱，抗疲劳，抗高血压，防治癌症等。据山西省生物研究所谢红等(2000年)在《中国食用菌》第六期对金耳8254的营养价值和药理研究报道：金耳有免疫功能的促进作用，保肝作用，对造血功能有促进作用，抗放射作用，抗炎作用，无毒，临床应用于防治慢性肝炎、肝腹水、胸水、肾性浮肿、贫血等均有一定效果，有助于轻度脑血栓、脑缺氧，一氧化碳中毒引起的偏瘫、手脚麻木的肌力恢复。金耳制剂对脑血管疾病的这种疗效，值得深入研究。《本草纲目》记载，金耳能治癖饮积聚、腹痛金疮。据民间和中西药医师临床观察，常食金耳，对气管炎、乙型肝炎、睡眠和消化不良、体虚贫血、糖尿病、大便不通、口腔溃疡等老年常见疾病和口腔炎等疾患，都有较明显的治疗和缓解作用。

二、野生金耳的生长状况和驯化途径

据调查，我国能够形成少量商品生产的地区，目前所掌握的只有云南省的丽江、维西、中甸、德钦等县靠近金沙江、澜沧江流域的河谷地带；西藏虽然自然生长量较高，但目前极少开发利用，处于自生自灭状态。20多年来，由于森林遭受砍伐，毁林开荒，以及山火灾害的破坏，野生金耳日趋减少。金耳的主要适生树种黄毛青冈(黄栎木)、麻栎(青冈、橡碗树)、柞栎(橡树、大叶波罗)、刺栎、黄刺栎等被大量砍伐，使金耳的自然生长量明显下降，野生金耳的资源量十分稀少，远远满足不了出口的需要。因此，人工引种驯化野生金耳，势在必行。多年来，由于人工驯化的方法和途径有误，致使这一珍贵稀有资源，长期不能应用于生产。

三、人工栽培金耳的开发利用状况

野生金耳于1983年1月16日至3月26日首次批量驯化栽培成功，段木批量人工栽培于1984年8月首次通过省级科技成果鉴定。由于技术工艺成熟，出耳率高达98.6%左右。专家们认为，应尽快向省内外大面积推广，把科技成果迅速转化为生产力。自1985年起，段木人工栽培新技术，正式在云南省内大面积推广，很快就取得了明显的经济效益和社会效益。据1989年不完全的统计，直接的经济效益已达数百万元以上。

1989年至1996年，大面积生产因受产销、利用脱节的严重影响，未能广泛而深入的发展。但在一些地区和部门，由于解决了产销和利用的矛盾，生产得到深入发展，对外销售价格较高，每千克干品，售价达160～320元。据1993年的不完全统计，直接的经济效益已突破数亿元，大面积生产仍持续发展。

存在的主要问题是，部分山区菇农，在当地领导和科技人员片面推广段木栽培的影响下，山林受到大面积砍伐和破坏，造成水土流失，林木资源已面临枯竭的局面。面对这种不按科学管理办事的状况，今后的发展对策是，人工栽培金耳，应将段木、代料栽培合理搭配进行，在适生栎木资源贫乏地区，段木栽培只能作为采集野生菌种的基地，有计划地小规模生产；相应人工种植适生耳木林，培植再生耳木林，使生态平衡受到保护。存在的另外一个问题是，一些菌种生产单位，单纯追求经济收入，不注意菌种质量。耳农普遍反映，菌种出耳率低而不稳定，甚至大面积不能出耳，只长革菌和木耳，使耳农的经济受到很大损失。1996年至今，已逐渐扭转了上述局面，国家严格控制森林砍伐，菌种生产开始按技术规范实施，生产逐步稳步发展，销售价一般都稳定在每千克干品80～260元之间，等外产品也能在市场上进行销售，每千克干品30～60元。种植户逐年增加。

四、市场展望预测

随着金耳产品的日益丰富，随之而来的新问题是生产和利用的矛盾。长期以来，由于食品、药物、美容化妆品、菌物广谱培养基料的研制和研究部门与加工部门，远远跟不上金耳大面积生产发展的需要，使营养丰富，食、药、美容化妆品、菌类广谱培养基兼用的金耳，不能充分造福于人类。目前，金耳也和最初传统的银耳食品一样，只能批量调制成单一型的甜食品罐头。除加工部门专业化生产经营外，广大群众也能自产自销，这种单一型的生产经营方式，严重限制着金耳大生产的发展。以老产品银耳为例，自古以来，银耳就是我国久负盛名的滋补食品和筵宴珍品，也是我国医药宝库中的一味良药。解放前，在漫长的历史时期内，银耳只能取之于自然生产资源，产品十分稀少，物以稀为贵，当时，银耳只能作为宫廷的贡品。解放后，人民生活日趋好转，银耳生产，也从单纯源于野生，过渡到大面积人工栽培，产量成数百倍增长。人们对昔日珍贵稀有食品的需求量，不仅大大增加，而且，随着食物结构的改变，人们的口感要求也大大地提高了，单一型的银耳甜食品罐头，已远远不能满足人们对食品加工的需要。其他食、药用菌也是一样。所以说，食、药用菌的产业化加工，是提高其利用价值和经济效益的重要手段，从一般形式的加工，进一步过渡到系列食品的深加工，生产潜力和应用发展前景将是无限的。

目前，不仅与金耳食、药性能相近的银耳食品、药物加工和深加工系列已有很大的发展，经济效益也日益显著，而且，其他食、药用菌老产品的综合利用，更是突飞猛进。可以预见，随着人民生活水平的不断提高和食物结构的改变，从21世纪起，无毒性又无副作用的食、药用菌，将成为人类健康食品和功能食品蛋白质的重要来源，成为筛选防治人类多发病和常见疾病的药物对象。为此，我们期望从事食品加工和药物研制的广大科技工作者，在食、药用菌造福于人类的科研生产工作中取得更大的飞跃。

第二章　金耳的生物学特性

第一节　金耳的分类学地位和形态特征

一、分类学地位

金耳在菌物分类学中，属菌物界，真菌门，担子菌亚门，担子菌纲，异隔担子菌亚纲，银耳目，银耳科，银耳属。

二、产地和分布

据文献记载，野生金耳属世界分布，广布于亚洲、欧洲、南美洲、北美洲和大洋洲，但种源稀少。在我国，已知分布于云南、四川、贵州、湖北、山西、江西、福建、西藏、吉林等省和自治区，分布区由北向南，年降水量、平均相对湿度和平均温度都有上升趋势，阔叶林逐渐占优势，生长条件对金耳的生长发育有利。

1982年，云南省金耳野生资源考察队，重点对云南主产区进行考察，已知金耳在我国主产于丽江地区丽江县的巨甸、鲁甸、金庄、塔城，永胜县的仁和、城关、东山、六德、松坪、团街、东风、大安，迪庆州维西县的巴迪、塔城、白济汛；大理州巍山县的五印、马安山，云龙县的表村、旧州和剑川县的羊岭、弥沙、沙溪、甸南、东岑等林区。

据报道，金耳也产于云南贡山、昭通、彝良、巧家一带。其他地区，未做详细调查。

（一）主产区的自然地理概况 丽江县位于云南省西北部，北纬26°32′～27°44′及东经99°22′～100°37′。北与中甸县接壤，西与维西县相邻，全县面积7425平方公里。全县地貌，属高山峡谷类型，河流山峦纵横，境内主要河流为金沙江及其支流。主要山峦为北北西—南南东走向的云岭和北北东—南南西走向的玉龙两大山脉，主峰高达4513米和5596米，山势之陡，海拔高差之悬，是全国少有的，故通称“立体气候”带，海拔低于1500～2000米的河谷，属北亚热带气候型，位于2000～2500米的中山地，属温暖带气候型；2500～3200米和3200～4200米的中山和高山，属山地寒温带和亚寒带气候型；4200米以上的高山，属雪山冰漠带气候型。县内，雨季最早始于5月3日，终于9月7日，最晚始于6月22日，终于11月10日，多集中于6～9月份，7～8月份的降水量，约占全年降水量的1/2，而11月份至翌年5月份，容易出现干旱。由于人为因素和自然灾害的破坏，林地覆盖率已由29.9%，降低到24.6%，气候明显趋于干旱。

维西县与丽江县的鲁甸林区接壤，介于北纬26°58′～28°

2′和东经 98°48′～99°32′间，西部与怒江州相邻。境内有南北走向的澜沧江及其支流，主要山脉为南北走向的碧罗雪山和云岭，最大峰值为4 609米和4 573米。其他自然概况，与丽江县近似。

(二)主产区的金耳品质和规格评价 详见表 3。

表 3 金耳的品质和规格评价

分 级	品 质 和 规 格 评 价
甲 级	子实体中大型，鲜重 180～240 克，橙黄或金黄色，纯净，不易变质霉烂，色艳、质硬、干爽
乙 级	子实体中型，鲜重 100～170 克，其他同甲级
丙 级	子实体小型，鲜重 100 克以下，其他同甲级

注：不符合表列分级品质和规格的金耳产品，均列为等外次品，不予记载

(三)主产区的金耳销售途径 据国家商业部和外贸部按历年收购量和群众自食量测算，云南省主产地区，年产金耳仅 2 000 千克左右，外贸系统 1963～1980 年间，共收购金耳干品 18 505 千克，平均年收购量为 1 028 千克，收购量最少的 1970 年仅 267 千克；商业系统 1978～1980 年间，共收购金耳干品 900 千克，在历年的收购量中，质量最好的全部选供外贸出口；18 年内，共计出口干品 7 611 千克，占收购量的 40%，为国家换取外汇共计 175 053 美元。主要销售到我国港、澳、台地区和新加坡、马来西亚等国，远远不能满足出口的需要。

三、形态结构特征

(一)直观形态 用肉眼直接观察，野生和段木栽培的金耳，多自树皮裂缝或播种穴中挤出，有时顶破树皮表皮层外露。

初生时，体积很小，只有 2～18 毫米见方，在树干上单生、

散生或聚生，表面较平滑；渐渐长大至成熟初期，耳基部楔形，上部凹凸不平，扭曲、肥厚，形如脑状或不规则的裂瓣状，内部组织充实。

成熟中期至后期，裂瓣有深有浅：中期，部分裂瓣充实，部分组织松软；后期，组织呈纤维状，甚至变成空壳。

子实体的颜色，受生长环境的通风透气度和光照度变化影响很大：通风良好，光照度大，除耳基部隐避处呈白色至淡黄白色外，整个裸露的表面都呈鲜艳的橙色、金黄色、甚至橘红色；通风不良，光照度弱，则整个表面，呈近白色、淡黄白色至淡黄色。

子实体的体质，受生长环境的空气湿度影响很大，空气潮湿（相对湿度 85%～95%）时，体质较柔软而富于弹性。成熟开瓣时，耳瓣表面，特别是耳瓣扭曲凹凸不平的沟穴部或裂缝处，常常可以看到 1 层类似白霜状物，这是子实体成熟期，大量形成的担孢子粉。空气干燥时，特别是经过风干或晒干，子实体变坚硬，体积明显缩小，近于角质。在雨季或浸水后，体积能较快恢复原状，色、形、质也与新鲜子实体相同或近似。

子实体的大小，栽培金耳多半比野生金耳体积大，最小的 1.6～3.8 厘米×1.4～2.6 厘米，中等的 4.5～19.8 厘米×3.8～19.4 厘米（占多数），最大的 21.9～24.8 厘米×24.6～28.8 厘米。代料栽培的金耳，也因栽培方式和出耳时的环境条件不同，色、形、质和体积大小，都有不同程度的变化。

（二）微观形态 用显微镜仔细观察，接近成熟期的金耳子实体，内部组织的菌丝体开始分化，进入生殖生长发育期。

1. 分生孢子梗和分生孢子 分生孢子有两种形成方式：一种是在靠近子实体表面的分枝菌丝增多，形成分生孢子梗，于分生孢子梗顶端，形成小圆形至广椭圆形、链状的分生孢子。另一种是在雨季或潮湿的条件下，成熟的担孢子不容易发芽产生发芽管，却容易类似酵母菌出芽增殖那样，以芽殖方式产生大量酵母状的分生孢子。这种酵母状的分生孢子，也能继续芽殖，再产生大量的酵母状芽孢，使分生孢子的数量不断增多。在显微镜下，分生孢子无色，透明，平滑，大小为2.3～3微米×2～2.9微米。在潮湿条件下，分生孢子先吸水，体积普遍增大，然后开始芽殖。

2. 担子和担子孢子　幼小的担子，通常在小型分生孢子产生的区域内形成，但也有距离分生孢子产生区域较远部位形成的。形成初期，幼小担子，呈椭圆形，于生殖菌丝顶端膨大而成，内部充满淡橙色的颗粒体内含物。幼担子近成熟时，形状似广椭圆形、鸭梨形，有的近于球形，大小为11.0～21.3微米×10.7～18.9微米。它的横切面，呈纵向的"十"字形分隔，形成4个腔室，由4个细胞组成，细胞壁厚度较均匀。担子成熟时，每个细胞的顶端隆起伸长，形成像趾一样的东西，称为上担子。上担子较细而长，有时局部膨大增粗，细长部分的直径(粗度)为1.8～3.2微米，局部增粗部分的直径(粗度)为6.3～8.4微米。在上担子的末端，通常变细，形成担子梗，担子梗的顶端，各生1个担子孢子(简称担孢子)。担孢子球形或者接近球形，少数为广椭圆形，无色，透明，平滑，或者稍稍呈淡橙黄色，内含无数小颗粒体。在空气潮湿，相对湿度达90%左右，或在相类似的保湿培养条件下，成熟的担孢子，就出现于子实体表面，特别是裂瓣凹穴和沟缝、裂缝部位，随风飞散传播，或随雨水淋注，于基物的适当部位，发芽定植。用解剖刀刮取白霜状物，在显微镜下仔细观察，可以看到，绝大部分担孢子都吸水膨大，开始发芽，发芽管的长度为2.6～18.2微米。如果继续保持湿度，或者将担孢子用自然弹射方法，自然弹射降落在代料培养基表面，担孢子的发芽管，能够继续伸长，成为细而长的纯金耳型菌丝体。其他未发芽或者未膨大的担孢子，大小为7.8～12.8微米×7.8～12.9微米。

将成熟期的金耳子实体，放于空气潮湿，相对湿度达85％～90％的地方，或者用杯、碗罩住子实体，10～24小时后，可以看到自然降落在黑纸或白纸上的担孢子卵，稀薄时颜色近于白色，浓厚时呈稍稍淡橙色至黄白色。

3. 粉孢子或节孢子　多数情况下，在子实体分化形成的子实层范围内，不会出现类似粉末状态的粉孢子，只有在子实体表面受到外来的某种刺激或受机械损伤时，位于子实层部位的生殖菌丝体，才容易断裂，形成节状的节孢子(在干燥条件下，用肉眼观察，节孢子的形状，类似粉末状态，故也叫做粉孢子)。粉孢子椭圆形至广椭圆形，无色，透明，平滑，大小为3.1～5.2微米×2.4～3.9微米，在干燥条件下，长期不能萌发，在间接保湿条件下，空气湿度相当于85％～95％，或者在有很薄的一层水膜、水迹条件下，粉孢子很容易萌发，形成发芽管，并继续伸长为菌丝。粉孢子萌发，也是先吸水膨大，已膨大的粉孢子，大小为5.2～7微米×3.9～6.5微米(图1，图2)。

(三)子实体纵断面的结构特征　云南省供销合作社科学研究所化学室黄伟光副研究员，根据作者的指导思想，多次验证金耳子实体纵断面的结构和特征，取新鲜子实体，垂直于耳基部纵切，肉眼下确认：子实体纵断面，系由很明显的两层不同颜色和结构的组织构成，周缘部橙黄或金黄色，结构较紧密，向内颜色渐淡，稍稍淡黄色至白色。风干后，纵断面的周缘部，仍呈橙黄色或金黄色，坚韧平滑，有光亮感，向内，明显呈白色或近于白色，体质松软。浸水后，子实体能迅速恢复原状。用水浸泡1夜，内层可以剥离，外层较薄，内层呈半透明状态。

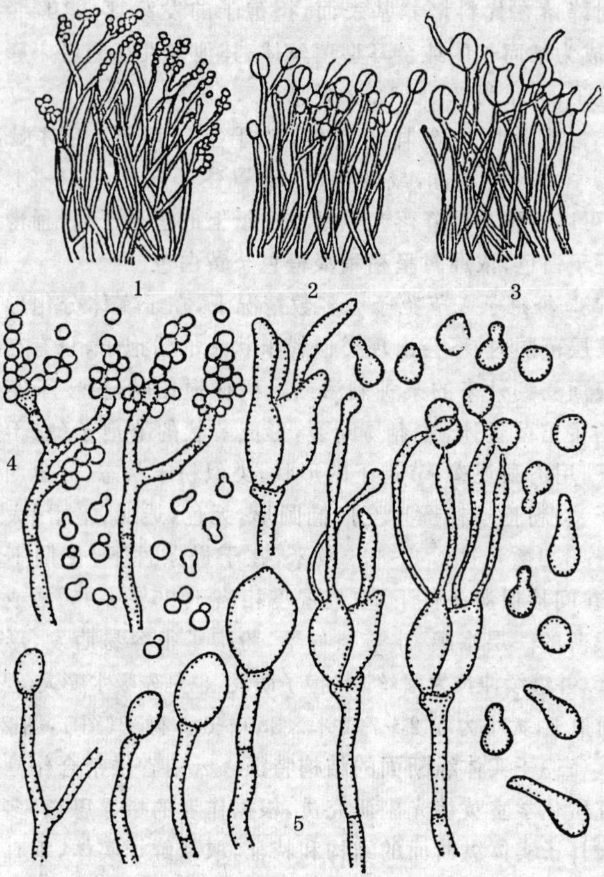

图 1　金耳子实体成熟期的子实层纵切面(1,2,3)及自然发育图解

1. 金耳型菌丝体分化,形成分枝或不分枝的分生孢子梗和分生孢子链
2. 金耳型菌丝体进一步分化,形成幼小的担子和近成熟期的四核期担子
3. 成熟的担子,形成 4 室,每个细胞顶端开始隆起伸长为上担子　4. 分枝的分生孢子梗和分生孢子链放大　5. 担子分化及系统发育过程

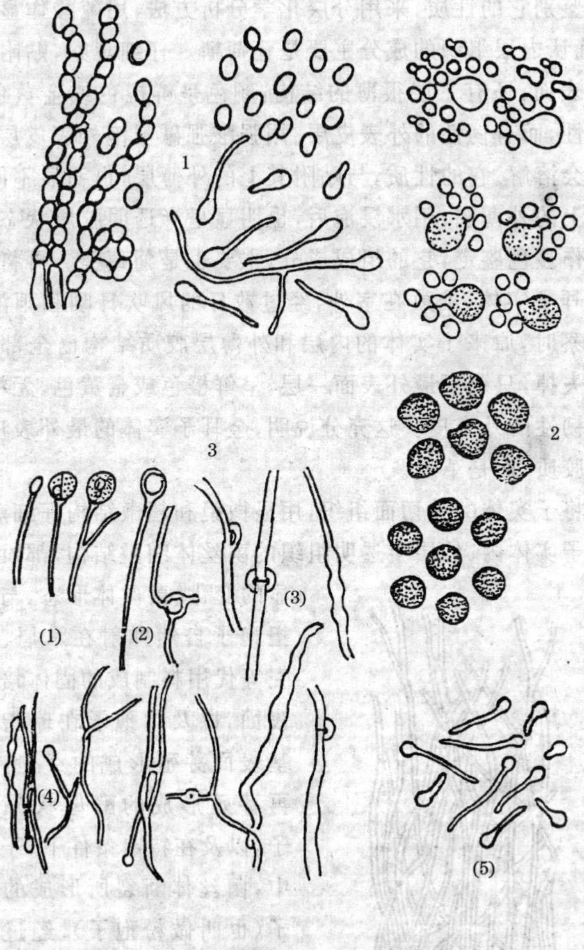

图 2　金耳子实体成熟期，子实层部位各类型孢子和生殖菌丝的发育状态

1. 节孢子或粉孢子链，分散的粉孢子及其发芽形态　2. 成熟的担孢子、吸水膨大及其芽殖再芽殖　3.(1)幼担子分化及发育；(2)、(3)、(4)生殖菌丝分化及发育；(5)分生孢子发芽为了鉴别它的性质，采用分层化学分析方法，用硫酸作显色鉴定，确认内层组织的成分主要是葡萄糖。仔细观察，贴附于外层的表面，还有1层很薄的结构，颜色呈鲜橙色或金黄色，没有粘性，而有韧性的外表皮层。用强酸强碱浸泡外表皮层1周都不会溶解。它的性质，与贴附其上的外薄层，也明显不同。贴附其上的外薄层，用水浸泡后，也明显呈半透明胶质状态。用硫酸作显色鉴定，它的组成成分，主要也是葡萄糖。再将新鲜的金耳子实体，堆放在室外，经过数日的风吹日晒和雨淋，仔细观察时，原来子实体的内层和外薄层胶质结构已全部溶化而消失掉，只剩下最外表面一层，呈鲜橙色或金黄色，无粘性，而有韧性的外表皮。这充分说明，金耳子实体的最外表皮层，不是胶质，而是革质。

将子实体的纵切面组织，用显微镜和超微结构仔细观察，确认子实体内、外层半透明组织的菌丝体细微结构，都没有明显的变化。菌丝体形态，与金耳担孢子自然弹射在木屑、棉籽壳等代用料制成的固体培养基表面，以及担孢子在琼脂培养基表面芽殖形成的芽孢，芽孢再芽殖形成的酵母状分生孢子，以及在特定条件下，子实层中，菌丝体断裂所形成的节孢子(也叫做粉孢子)，经过特殊处理，发芽形成的金耳型纯菌丝体的形态，完全是相同的(图3，图4)。

图3　子实体内、外层组织的金耳型菌丝体形态

再将子实体纵断面不同部

位的组织，用徒手切片法或用切片机超薄切片，置于显微镜下，仔细观察最外表皮层的菌丝体形态，为革菌型的菌丝体结构。菌丝粗而长，壁较厚，有硬实粗壮感觉，不易断碎，菌丝体虽然有粗有细，但最细的菌丝，也比上述金耳型的纯菌丝体粗而硬实（图 5）。

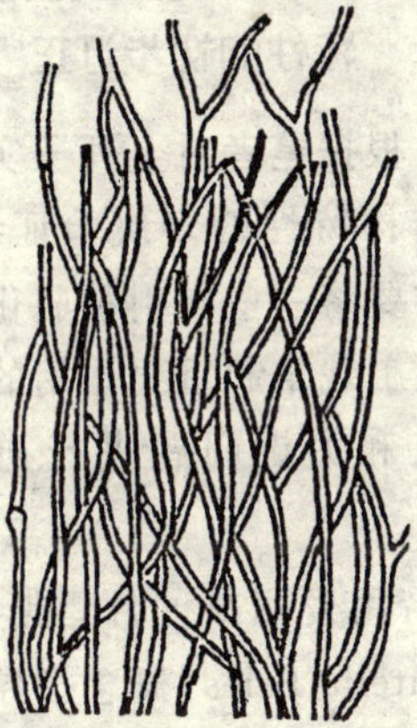

图 4　金耳担孢子、分生孢子和粉孢子在基质上发芽形成的纯金耳型菌丝体形态

图 5　子实体最外表皮层的革菌型菌丝体形态

再将无菌条件下切取的最外表层碎薄片，用接种针挑于马铃薯、葡萄糖琼脂培养基（PDA）加 3%麦粒煎汁培养基斜面上，在 25℃恒温箱内培养，同时，用野生和人工栽培形成的金耳伴生菌（毛韧革菌）子实体组织，在无菌条件下分离培养，获得纯革菌型的菌丝体。将两种菌丝的培养性状相比较，不仅形状完全一致，而且，对外界环境的适应能力、与金耳型菌丝体的亲和反应，都基本相同（图 6）。

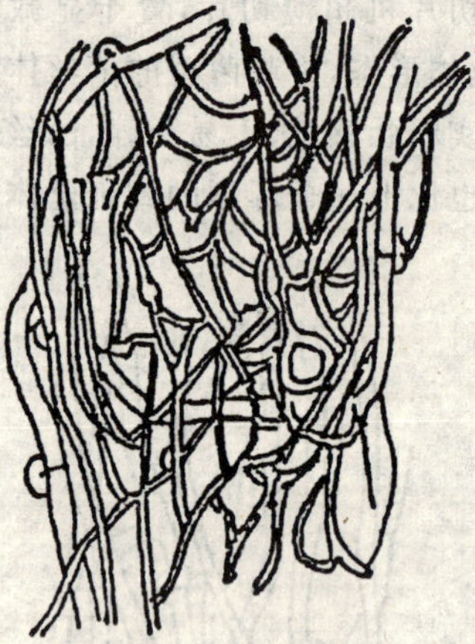

图6　革菌型和金耳型双重菌丝体的亲和形态

认识以上各种生物学性状和形态结构特征，对指导金耳引种驯化，特别是批量人工栽培获得成功，都有决定性的重要意义。

四、对金耳形态结构特性的初步订正

根据笔者对金耳子实体特殊结构特性的多次验证结果，有必要将一些与引种驯化和批量人工栽培起重要作用的技术难点和关键问题进行初步订正：

第一，国内外一些菌物学家，沿用爱丽斯·佛雷斯(Eles Fries)早期建立的耳包革属(Naematelia Fries)概念指导科研和生产，强调金耳子实体的组织结构，是由外层的金耳，包着内层的一种革菌（Stereum 型），联合组成的异质复合体。因此，金耳的人工驯化栽培难度很大，有的菌物学家，根据自己的实践经验，也强调指出，鉴于金耳结构的特殊性，对金耳有效菌种的分离培养，必须在内外层交界的有限部位索取小块组织，才容易获得粗毛韧革菌和金耳双重菌丝的有效菌种。笔者根据自己亲身实践的体会认为，用这种方法进行操作，不仅工艺复杂、技术难度大，子实体表面消毒很难彻底，而且获得有效菌种的成功率或有效出耳率低，也不稳定，甚至获得无效劣质菌种，使金耳引种驯化长期停留在小试阶段，不能应用于生产。与此相反，用笔者初步订正的结构部位指导生产，不仅工艺简便易行，而且，随机取样获得的有效菌种，成功率较高且稳定，很快就可以广泛应用于科研和生产（详见第三章第三节，子实体组织分离培养与大面积生产）。

第二，一些菌物学家还提出，金耳子实体的外部是由细而短的金耳菌丝所组成，其内部包着粗而长的毛韧革菌和血革（血痕韧革）菌丝，用这种概念指导科研和生产，也是十分有害的。根据笔者多次重复对金耳子实体（白耳和黄耳）内外层的组织切片，用显微镜仔细检查，再用金耳担孢子自然弹射法，分生孢子和粉孢子的纯化培养法，子实体不同部位的组织分离法以及用投耳法的不同部位取样分离培养结果，确认金耳型纯菌丝和混杂型的金耳型菌丝，都不是细而短，而是细而长的（图 3）。由于金耳子实体的内外层胶质的微粒结构，切片时很容易破碎，促成子实体切片的菌丝体，普遍断碎成细而短的不完全形态。而子实体分离培养在母种斜面、平板和木屑、棉籽壳等培养基面形成的金耳型纯菌丝体，都是比较完整的细长菌丝。特别是由担孢子、分生孢子、粉孢子萌发，在特定条件下形成的纯菌系菌丝体，都是细而长的（图 4）。认清这一点，对鉴定金耳有效优良菌种的菌丝体形态，有重要的意义。另外，金耳子实体的内部，也并没有包着粗而长的毛韧革菌和血痕韧革菌丝。事实上，贯穿金耳子实体的整个内外层胶质结构，其菌丝体的基本形态，也与金耳的各种孢子，在特定条件下形成的纯菌系菌丝体形态完全一致（图 3，图 4）。

第三，一些分类学家记载，金耳种的主要特征是：子实体的裂片中空，或以寄主菌丝体充塞而呈淡黄白色，与形态结构极其相似的近缘种（Tremella tremelloides）形成惟一的区别。金耳子实体的裂片内实，但有 1 层较薄的由寄主毛韧革菌菌丝组成的肉质层。

根据笔者对野生和段木、代料栽培的金耳子实体的整体和系统观察结果，确认金耳子实体，在生长前期至成熟初期，整体至裂片部位都是充实的，无论干、鲜金耳都不出现裂片中空或充塞状态。只是到了成熟中期特别是成熟后期，裂瓣的组织变松软，甚至变成空壳。裂片自成熟初期至后期，也并不完全是深裂的，而是有深有浅。至于寄主菌丝的淡橙或淡黄白色反应，只有在生态条件（光照度、通风透气度和空气相对湿度）适宜的情况下才是这样的；到了子实体生长后期或老熟阶段，部分胶质化的菌肉组织，才呈纤维状充塞。而由毛韧革菌菌丝所形成的组织结构，其性质与革菌的韧革结构相同，并非是肉质组织。笔者深深感到，对这些从量到质的形态差异，很多分类文献中，与金耳模式近缘的一些近似种群，其分种界线很不确切，容易混淆，不便于应用。所以，认清金耳子实体结构的这些性状，对确定采样分种适期和采收子实体适期的确定，具有十分重要的意义。

第四，一些菌物工作者，沿用单一体菌类木耳属和与伴生菌离体伴生的银耳菌的耳木分离法，试图获得金耳的有效优良菌种，但结果是分离数量越多，造成的经济损失也越大，完全不能获得金耳混合型的有效菌种。

第五，长期以来，由于对金耳形态结构特征认识不够确切，国内外对金耳的分类和命名，意见很不一致，误定的拉丁学名长期存在，对菌物工作者的深入研究造成了很多混乱。比较常见的金耳误用学名有：橙黄银耳 Tremella lutescens Pers.，黄金银耳 T. mesenterica Retz. ex Fries，金耳（橙黄银耳）T. aurantia Schw. ex Fries，脑状银耳 T. encephala (willd.) Pers.。1987年，臧穆教授陪同世界著名的银耳目专家巴多尼（R. J. Bandoni）教授来我国调研，笔者提供对金耳子实体形态结构的种种不同意见和实验结果，惠赠引种驯化、人工栽培的模式标本。经过巴多尼(R. J. Bandoni)教授慎重而仔细的研究，将长期以来国内外争议误定的种种金耳拉丁学名重新订正为 Tremella aurantialba Bandoni & Zang. Sp. nor.，从而结束了国内外对金耳拉丁学名的争议。

第六，一些菌物工作者不做细致认真的科研、生产工作，仍将金耳与其他食用菌等同看待，制种、栽培方法、甚至撰写正式出版的科普书籍的基本内容，都是沿用常规的制种、栽培工艺和生物学性状等，已给或将给金耳生产、科技、教育造成严重的损失；不掌握伴生菌的亲和性，误把大量与金耳相邻伴生的杂菌，都误认为是金耳的耳友菌，这是很严重的错误。

第二节　金耳的生长发育循环(生活史)

金耳的生长发育循环是比较复杂的。与银耳相比，金耳不仅包括担孢子、分生孢子和粉孢子纯菌系的一个有性世代大循环和几个无性世代的小循环，而且由于密切相关、混杂共生的毛韧革菌的直接参与和影响，使金耳的生活史，变得比银耳更加复杂和难于完全人为控制。从金银两耳的共同特点而言，金耳的纯菌系担孢子，也是典型的四极性菌类。他的性亲和性是由位于不同染色体上独立分离的两对因子 Aa、Bb 所控制，在同一个金耳的担子上，能产生 4 种不同类型的担孢子，即 AB、Ab、aB、ab。

一般来说，各类型不同性别的担孢子成熟后，在适宜的环境条件下，就开始萌发，产生发芽管，发芽管继续伸长，形成初生菌丝，也叫做一次菌丝。这种菌丝，初期是多核的，但很快就产生隔膜，将每个核都隔开，形成多细胞的菌丝。每个细胞，只含有1个细胞核，这种菌丝，称为单核菌丝。很短时间内，两条在性别上不同，而有亲和性的初生菌丝相遇，相互结合后，单核菌丝，就变成有锁状联合的双核菌丝。这种双核菌丝，称为次生菌丝，也叫做二次菌丝。在比较长的时间内，都以这种次生菌丝的形态继续生长发育。当次生菌丝达到生理成熟时，就开始进入生殖生长阶段，胶质化的双核菌丝体，开始分化形成金耳原基。原基再发育，就形成幼耳。幼耳在适宜的环境条件下能较快地长大，形成成熟的金耳子实体。这种能形成子实体的双核菌丝，称为生殖菌丝，也称为三次菌丝。

在正常条件下，生长发育的金耳子实体，接近成熟时，在生殖菌丝的顶端，就开始膨大，形成幼小的担子。幼担子内部，充满橙色的颗粒体内含物，继续发育时，幼担子内的两个细胞核，开始融合，产生核配作用，已经融合的细胞核，开始第一次减数分裂，进入二核期，外形近似广椭圆形、鸭梨形或者近似于球形；紧接着，再进行第二次的减数分裂，产生4个单倍体的细胞核。再进入四核期，发育中的担子，内部横切面呈纵向的“十”字形分隔，每个担子形成4个室。每个室为1个细胞，其中，各含有1个单倍体的细胞核。这样的担子，壁厚度较均匀，在分隔交叉的地方略略增厚，每个细胞的顶端，隆起伸长成趾状的上担子。上担子的末端变细，形成细而短的担子小梗。这时，每个单倍体的细胞核，各进入1个担子梗，再进入顶生的担孢子中。4个具有单核的担孢子，就开始达到了成熟时期。

在空气较潮湿（相对湿度在85%～90%）时，担孢子就能以自然弹射的方式，将已经成熟的担孢子，从子实体外露于空间的子实层上，大量地掷射到空气中去，随着空气的流动和风吹的作用、雨水的淋注，以及其他能携带孢子的媒介物，例如昆虫，而远距离进行传播。在适宜的温度、湿度、光照度以及伴生菌等条件下，担孢子发芽或芽殖，以发芽管侵入基物（适于生长的树木或代用培养料）内而定植，再继续生长发育和繁殖。就这样周而复始地延续金耳子实体的后代，完成金耳的有性世代大循环。

应该特别强调的是，金耳从担孢子到担孢子的大循环过程，由于孢子发芽形成的单一型菌丝体（包括从初生菌丝……到子实体形成的全过程）对基物中的营养物质（粗纤维等）的分解能力很弱，自身几乎完全没有独立生长发育的能力。实验证明，单一的金耳型菌丝体，在基物内的生长，是十分细弱而缓慢的，必须借助于有亲和性的伴生菌（毛韧革菌）菌丝体的友好帮助，才能正常地生长发育起来，顺利地完成金耳的上述生活史。这就是各地野生金耳资源量十分稀少的根本原因。

在人为的控制和影响条件下，实行金耳人工驯化和人工栽培，由于采用金耳型和毛韧革菌型的双重菌丝体适当搭配，制成有效优良的母种、原种和栽培种，又在人工控制条件下接种培养，就能够顺利地促进金耳从子实体发展到子实体，从担孢子发展到担孢子的良性循环。因此，在人工栽培条件下，不仅金耳的子实体能够正常地生长发育，不断获得高产稳产，而且，起决定性作用的生物因素（毛韧革菌的生长发育），也能按照人的意志转移。这种对立的统一性，也是物种进化和长期自然选择的结果。以这种方式，完成金耳生长发育循环的过程，是金耳人工驯化和批量栽培的主要形式和特点。

另外，伴随着有性方式大循环的同时，也会出现几种形式的小循环过程。例如，在某些特殊情况下，由于菌丝的断裂，或由于生殖菌丝体的分化，形成双核化的节孢子（粉孢子）和粉孢子链，以及担子孢子在特殊条件下，以芽殖方式产生大量芽孢(分生孢子或酵母状分生孢子),芽孢再芽殖,继续产生大量的芽孢。或者,有时出现位于子实层部位的生殖菌丝,在特定条件下,分化形成具有分枝或不分枝的分生孢子梗和分生孢子链,在适宜的生理、生态和生物因素(耳友伴生菌)的直接影响和配合下,也能以无性繁殖的方式,各自完成自己的小循环(图 7)。这种情况,一般比较少见。

综上所述,可以得出发展金耳种植的以下几点订正结论:

第一,金耳结构特性的初步订正,对突破金耳引种驯化和大面积人工栽培有重要的生产意义和理论价值(详见第二章金耳形态结构特征的初步订正)。

第二,按照野生金耳资源考察的生态环境,设计人工栽培的耳场设置和选择方案,指导大面积段木、代料栽培,都能获得成功的结果(详见第四章第四节段木人工栽培;代用料人工栽培)。

第三,金耳属世界分布,表明其生态适应性强。野生金耳资源稀少的重要原因,是受特定的生物因素(伴生革菌)制约所决定的。因此,只要掌握了伴生菌与金耳特殊的内在联系,金耳的批量栽培是不难成功的。栽培技术应用推广的范围,可以不受地理区域的严格限制[见第三章第一节七、生物条件(伴生菌)]。

第四,金耳的营养类型既然属于腐木营养基质类型,表明金耳在人工栽培条件下,可以利用多种段木和代用培养料,进行批量人工栽培,这与适生树种的选择和培育并不矛盾。

第五,金耳子实体的结构特性和基物内菌丝体分离培养的结果表明,要想获得金耳的有效优良菌种,必须以子实体的组织分离培养为主体,耳木分离无效。

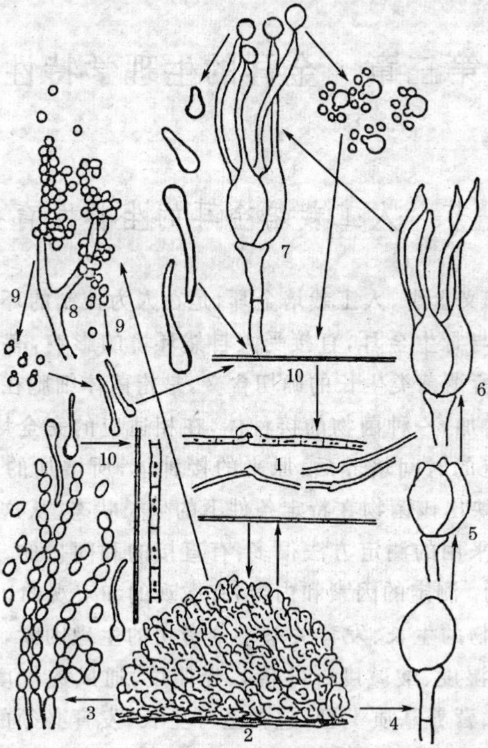

图 7　金耳的生长发育循环(生活史)

1. 混杂型的双核菌丝体　2. 金耳的正常型子实体　3. 在特定条件下自然形成的粉孢子链及粉孢子发芽　4. 幼担子内两个细胞核融合,产生核配,开始第一次减数分裂,进入二核期　5～6. 第二次减数分裂,产生 4 个单倍体核,进入四核期,内部纵向"十"字形分隔,形成 4 室(4 个细胞),每个细胞顶端隆起伸长为上担子　7. 担子和担孢子成熟,在特定条件下发芽或芽殖　8. 子实层部位,金耳型菌丝体分化,形成分枝或不分枝的分生孢子梗和分生孢子链　9. 分生孢子在特定条件下,以两种萌发方式发芽或芽殖　10. 单核菌丝体及其双核化

第三章　金耳的生理学特性

第一节　人工栽培金耳的生长发育条件

从广义上讲，人工栽培金耳，是在人为控制的环境条件下进行的，与野生金耳，直接受大自然环境的影响，有所同也有所不同。所谓菌类生长的确切含义，是指菌体细胞在质量和数量上的增加，一种菌物的接种体，在相适应的完全培养基中，经过一定的时间培养后，原来的接种体，所增加的质量和数量，即反映出该菌物在特定条件下的生长状态。从这个意义上讲，能够采用的测定方法很多：有直接的和间接的，有广义的和深入的。测定的因素和内容，有微观的和宏观的。但归根结底，与菌物的生长、发育关系十分密切的生理因素，主要是环境温度、湿度、酸碱度(pH 值)、光照度、通风透气度(氧和二氧化碳)、营养基质类型(包括金耳生长、发育必须的碳源、氮源、维生素和无机盐的含量)。在测定金耳的生长、发育条件时，也基本上遵照上述的共性原则。

供试菌种：来源于 1982～1990 年不断采集更新的野生金耳、室内外段木栽培金耳和室内代料栽培的合格金耳子实体，经自然风干后，暂时保藏在 0℃～4℃冰箱中备用，或随采随用的新鲜合格样品。原则上，要求供试菌种，必须是优良的，来源是清楚的。试样的好坏，直接影响着实验结果是否正确可靠。

母种生育与温度的相关性实验：前期多采用 PDA—蛋白

胨培养基，后期多采用PDA加3%麦粒煎汁培养基，设4℃，10℃，15℃，20℃，25℃，30℃，35℃共7组比较。

母种生育与酸碱度（pH值）的相关性实验：设pH值为4.5，5.0，5.5，6.0，7.0，8.0，8.5共7组对比。单因子试验共设8个单因子（除上述7个因素外，再加上不同地理、季节的时间差和空间对比），与野生金耳的生态因素作对照。

接种体的规格，前期以在斜面上接种相当于黄豆粒大小的子实体种块为度，后期则以接种1立方厘米的子实体种块为主，兼设碎耳，0.5，1.5，2立方厘米体积的子实体随机取样种块相对比。

接种目标，均以培养金耳合格的子实体为主，严格控制毛韧革菌菌丝体的旺盛生长，以制作大号试管的培养基小斜面、只提供中度至中偏低度的基质营养含量为限制因素。

温度试验：将接种的试管分别编号，放入不同温型的组合恒温箱内。

酸碱度（pH值）试验：统一放入25℃恒温箱内培养，每隔24小时，观测各处理的菌丝体生长速度、生长势、基质酸化反应和变色情况。待其中一组满管后，第一次统计各组的菌丝生长发育状况，培养性状的共性和个别差异，记载母种生长发育与基质营养类型、温度、酸碱度的相关性。待最后一组满管后，再进行第二次统计。

原种、栽培种的瓶（袋）栽培和段木栽培，与温度、湿度、光照度、通风透气度、营养基质类型、配料组分以及地理、季节的时间差和空间对比，结合各地区的不同季节、不同生长发育阶段的各项单因子和综合因子的小试、中试和大面积推广，进行综合性的系统分析、观察和对比。现将阶段性和最终累积的实验结果，归纳如下。

一、温　度

(一)母种生长发育与温度的关系　母种在 PDA 加蛋白胨培养基和 PDA 加麦粒煎汁培养基上的生长发育温度为 4℃～35℃，最适 24℃～26℃。4℃时，菌丝体生长、发育极为缓慢，菌丝体细弱，呈灰白色。随着温度的升高，菌丝生长速度加快，18℃～24℃时，菌丝体生长发育良好。当温度超过 27℃时，虽然菌丝生长迅速，但比较细弱，抗逆性、抗病性差。温度高达 35℃时，2 天后，菌丝开始恢复生长约 1 毫米，以后，则停止生长。

将已停止生长的母种试管，一部分转移到适温 24℃～26℃和低温 8℃～15℃干培养室内遮光培养，一部分仍然处于 35℃高温温箱内培养。移到适温和低温下培养的母种，经过 3～5 天的恢复，菌丝体又继续正常地生长发育，性状与原来在适温和低温下培养的母种无明显的差异。继续处于 35℃高温温箱内的母种，接种块变黑死亡。

在上述适温范围内，菌丝体生长发育良好，菌苔菌丝开始呈白色至淡黄白色，接种块周围呈稍稍淡黄色至姜黄色、淡棕黄色、甚至深黄褐色，在营养含量较高的 PDA 加 0.5%蛋白胨培养基上，菌苔菌丝浓而致密，种块周围的颜色较深，范围较大。这样的斜面母种，取菌丝体转接原种，往往容易形成无效菌种。而营养基质含量较低的 PDA 加 3%麦粒煎汁琼脂培养基，菌苔菌丝较稀薄，种块较充实、饱满而洁白，种块周围的颜色较淡，范围较小，斜面菌丝的颜色也较浅，白色或近于白色。这样的斜面母种容易获得金耳的有效原种和栽培种。

(二)原种、栽培种的生长发育与温度的关系　木屑和棉籽壳为主料的原种和栽培种，在上述各组温度条件下测试，生长发育的温度范围基本相似，菌丝体和子实体的生长发育温度甚至比母种更宽，最低温度可以达0℃～4℃，菌种保藏温度还可以更低，这说明金耳菌丝体和子实体，耐低温而不耐高温。在0℃～4℃低温条件下，可以存活1年左右不死，优良种性变化较小，而在35℃高温条件下，2～3天内就会死亡。在良好的基质条件下，子实体长成后，移至局部38℃（积温）的露地上和干培养室内，尚能生长存活，但不利于保藏和繁殖菌种。在这种恶劣的温度条件下，种性容易变劣。

（三）代料栽培与温度的关系 代料栽培金耳，菌丝体生长发育的适温为22℃～25℃，在适温条件下，20～25天菌丝体即可以满瓶，30～35天可以满袋。与菌丝体生长发育的同时，投入菌瓶或接入袋口、袋穴部的子实体耳块，能陆续长大形成幼耳。子实体生长发育的最适温度为18℃～22℃。温度低于10℃，生长发育缓慢，但抗逆性强。室温低于4℃，子实体仍能够缓慢地生长，但高于25℃，子实体和菌丝体抗逆性弱，容易感染杂菌而霉烂。

（四）段木栽培与温度的关系 段木栽培属于开放式播种，适于低温10℃～15℃播种、发菌，发菌期虽然较代料栽培长些，但低温条件下播种发菌，能控制杂菌的污染。

（五）金耳各种孢子生长发育与温度的关系 将段木、代料栽培获得的成熟子实体，在特定条件下获得成熟的担孢子、分生孢子和粉孢子，在相适应的条件下，促使萌发形成纯金耳型菌丝。经测试，多种孢子萌发的温度范围也比较宽，4℃～35℃均能萌发，但以20℃～50℃萌发最好，粉孢子容易在高温下形成。在20℃～30℃的加温干培养室内，聚集在原种菌瓶基质表面大量堆积的粉孢子，经过46天后，取样镜检，粉孢子普遍没有发芽，形状、色泽与正常条件下形成的粉孢子无明显差别。经过用间接保湿和薄层水膜直接保湿24～48小时，在5℃～32℃下均能发芽，但以20℃～25℃萌发最好，发芽率高达98.4%～100%，芽管伸长度达76～463微米。

将转管扩接的粉孢子带菌丝母种、原种，置于28℃和32℃恒温箱内培养，粉孢子仍能较快地生长繁殖。在6℃～32℃范围内，自然弹射降落在载片和琼脂平板表面上的担孢子，在间接保湿和直接保湿条件下，均能芽殖产生芽孢。在新鲜子实体直接接触的载片上，担孢子均能发芽产生长度不等的发芽管，在同样条件下，担孢子芽殖产生的芽孢，也能继续芽殖再产生定数的芽孢，说明担孢子芽殖和分生孢子芽殖对温度的要求范围较宽。

野生金耳在雨季，段木、代料栽培金耳，在潮湿的湿培养室内，只要温度适宜，一部分能直接产生发芽管，一部分却容易芽殖，产生大量的芽孢，不存在类似 TorKelsen(1968)从挪威的 Tremella mesenterica Fr.（即金耳的误用名）标本研究中，所作出的结论，也不存在 Bjqrnekaer 等分类学家对 Tremella mesenterica Fr. 与 Tremella lutescens Fr.（也是金耳的误用名）提出的论述（即前者是冬型，后者是夏型）。实际上，金耳只要在适宜的温度范围内（6℃～32℃），全年都能产生担孢子和分生孢子。起决定性作用的因素，主要不是温度条件，而是相适应的湿度条件；而子实体的颜色反应，也并不取决于担孢子和分生孢子本身，而是取决于单一的通风透气程度（主要条件）和综合性的湿度、光照度等生态因子（次要条件）对金耳子实体生长发育的影响。

二、湿　度

实验结果和生产实践表明，金耳在营养生长阶段，按经验测试,以代用料调水拌匀后,手捏料,掌心和指缝内侧有少量水迹为度。按金耳有效优良菌种的制备方法制种,混杂型的双重菌丝,都能良好地生长发育,20～25 天后,菌丝体可以长满瓶,30～40 天后,菌丝体可以分化、扭结形成幼耳,投入的耳块,能迅速长大。

(一)制备母种、原种和栽培种的调水量 根据系统的观察和测试,制备原种和栽培种,应根据不同的用种目的,装料量大小、封口材料的透气度、调水量的适度都有所不同。如果以制备代料栽培的菌种为目的,装料量以半瓶量或大半瓶量为宜,以利于子实体和菌丝体的正常生长。封瓶口的透气度要大些,宜用 1 层牛皮纸或两层新报纸封瓶口。培养料的调水量,也要适当大些,以料调水拌匀后,手捏料掌心指缝有明显的水迹为度。如果采用塑料薄膜封闭瓶口,或以制备段木栽培的用种量为目的的满瓶量菌种,培养料调水量宜小些。制备栽培出耳的菌瓶(袋),要以封闭式培养、开放式出耳为主要的栽培方式。因此,调水量不宜过大,调水量以采用常规的调水量,即手捏料,掌心有水迹为宜。应该注意的是,来源不同的各种代用培养料,含水量不同,根据代用料的干湿程度和不同料的持水量大小酌定调水量。在转管、转瓶、扩制粉孢子及其纯菌丝母种和原种时,如果基质含水量略高于常规的含水量,扩入的粉孢子母种和原种,只有附着于基质表面和基质穴位中的粉孢子和菌丝体,能够发芽和生长蔓延,较快形成金耳型的菌丝体。其余不依附于基质表面的上层粉孢子,都不能发芽,只能较长期内存活不死。在缺少伴生菌的情况下,生活力较担孢子和分生孢子发芽形成的菌丝体强得多,能够较快的生长蔓延。

如果有伴生革菌同时或先后接种,特别是将不能发芽的粉孢子，用无菌水适量，制成粉孢子液，注入基质菌料，受水湿润的粉孢子堆，能够较好地发芽，形成较浓厚的、洁白的菌丝体，培养后期部分菌瓶(袋)能够形成较好的金耳子实体。

(二)段木栽培的调水量 在段木栽培的情况下，要根据段木的含水量大小，酌定喷水量。现砍伐，现断段，现接种的段木，由于段木含水量比较充足，播种后的发菌期不宜喷水，但要注意适当覆盖遮荫保湿。采用这种方法，发菌效果良好，接种成活率高。如果因条件限制、不能现砍伐，现断段，现接种，提前砍伐、断段后，经过适当风干的段木，播种前要首先将段木喷水或浸水，提高树皮皮层和木质部的含水量。如果段木过干，断面产生较大的裂纹，喷水、浸水，都不容易达到规格湿度，接种成活率就低。在段木含水量适宜的范围内，发菌期应根据段木的含水量大小适当轻喷、勤喷、细喷。如果段木的含水量不低于46%，则以不喷水为宜。到子实体开始形成期，应适当增大段木的含水量，初期勤喷、轻喷、细喷，保持耳芽不干为度。中期和后期，随着子实体大量形成，气温升高，蒸发量增大，应勤喷、重喷，使段木含水量保持在46%～56%范围内，段木表面经常保持干干、湿湿，有利于子实体的正常生长发育。同时，还要注意小生态环境的遮荫度和保湿度，耳场的空气湿度，应经常保持在80%～90%范围内。湿度不够，子实体容易干缩，生长发育不良，段木含水量低于30%，空气相对湿度低于68%，子实体生长趋于停滞，影响产量和品质。如果段木含水量高于56%，空气相对湿度大于95%，则耳质软弱，容易烂耳，或导致其他杂菌大量滋生繁殖。一般情况下，子实体耐干不耐湿，湿度不够，子实体暂时干硬，但经过降水或喷水，子实体体形膨大，恢复生长。

(三)代料栽培的调水量 在段木栽培的情况下，夏季强烈的日光照射，容易使直射阳光下的部分金耳子实体，迅速失水而干硬，但经过降水或喷水，已干硬的子实体，又很快回软继续生长。当雨季来临、阴雨连绵，一些长势衰弱或过熟的金耳子实体，容易感染杂菌而腐烂变质。在正常的情况下，成熟开瓣的子实体，当空气相对湿度达到 86%～95%时，在子实体表面，特别是扭曲皱褶的沟穴部位，容易出现大量的担孢子。经显微镜检查，自然发芽率高达 64.8%～98.9%，芽管伸长度 14.6～86.3 微米，未发芽的担孢子也绝大部分膨大，露出发芽孔。当空气相对湿度接近 100%，担孢子的自然发芽率和芽管伸长度更高，将自然发芽的担孢子，用少量蒸馏水、自来水和黄毛青冈浸汁液、10%葡萄糖溶液测试，已发芽的担孢子，芽管能继续伸长。但是，自然降落在载玻片上的担孢子，无论在低温、高温或适温条件下静置，都长期不能萌芽。取保存在低温 4℃～10℃，适温 16℃～24℃和干培养室内保存 46 天的担孢子，在间接保湿（相当于空气的饱和湿度）、加水滴浸汁液和直接保湿条件下，虽然担孢子在间接保湿皿内极少发芽，在直接保湿条件下完全不能发芽，但普遍都能芽殖，产生定数（正常情况下）或不定数目的芽孢，芽孢又能继续再产生芽孢。因此，芽孢的数量，常常多得惊人。

在代料瓶（袋）栽培的情况下，只要其他条件适宜，子实体能在全封闭、半瓶（袋）培养料的基质表面长期生长。将 176 瓶用有效优良原种继代复制的优良原种，在不开瓶的条件下长期培养，虽然菌料和瓶内的相对湿度较低，室温16.8℃～22℃±3℃，一直延续达半年之久，子实体的形状、色泽仍没有明显的变化。只是由于不通风、不透气，子实体普遍不能开瓣转色。与此同时，将出耳后的同样菌瓶 184 瓶，及时开瓶，移至空气相对湿度达 86%～95%，室温为 15.8℃～23℃±2℃的湿培养室内，通风透气培养。在较短期内，子实体虽然能比较正常地生长发育，距离瓶口较近的子实体部位，或伸出瓶口外的部位，在通风透气的影响下，逐渐从白色转变为淡黄色、鲜橙色、甚至橘红色。但由于相对湿度较高，菌瓶深处的子实体和菌料部位，由于通风透气不良，容易遭受绿色木霉、青霉及各种腐败细菌的污染霉变和腐烂。在代料菌瓶（袋）的基质表面，大量芽孢的有效发芽率，却十分有限，很大数量是不能发芽的无效芽孢。取长期未发芽的芽孢，用上述培养液保湿培养、芽殖的芽孢，仍能继续芽殖。

以上说明，担孢子发芽，对湿度的要求范围很窄，只能在略低于饱和的空气相对湿度下才能发芽良好、芽管也能迅速伸长、形成菌丝。如果大于空气的饱和湿度，在小环境内形成水气迹和薄层水膜以后，担孢子绝大多数只能芽殖，只有靠近水气迹和薄层水膜边缘的极少数，甚至是极个别的担孢子，才能够发芽。发芽管普遍向水气迹和薄层水膜以外伸出，说明担孢子发芽，对空气中的氧气十分敏感。在间接保湿条件下，处于相对分散状态的担孢子，发芽率通常较高（76.8%～100%），而担孢子芽殖和分生孢子芽殖却恰恰相反，如果湿度过大，担孢子和分生孢子完全浸入水液深处，芽殖率又明显降低，甚至完全不能芽殖。

在干燥条件下，特别是在低温干燥条件下，分生孢子也长期不能芽殖，更不会发芽。粉孢子的发芽，也需要有高于饱和的空气相对湿度。

三、酸碱度（pH 值）

金耳混杂型的母种、原种和栽培种，以及单一型的毛韧革菌、金耳的担孢子、分生孢子和粉孢子的纯菌丝菌种，对培养基酸碱度的适应范围都比较宽。在pH值4～8.5范围内都能生长，形成混杂型或单一型的毛韧革菌菌丝体菌种。但是，以pH值在6.0～6.5范围内生长发育较为良好。组合培养基过酸，基质容易酸化，斜面、平板母种凝固不好，影响菌丝体和接种块的正常生长。过碱，基质性状变硬变黑，碱性过重，菌丝体和子实体也生长不良。配制好的母种、原种和栽培种培养基，灭菌前用试纸测试，以pH值7为宜。

四、光照度

单一型的毛韧革菌或混杂型的金耳菌丝体，生长前期都不需要强度的散射光，更不需要直射阳光。在黑暗条件下培养，菌种的生长发育要比强散射光、弱散射光和直射阳光下好。原基分化和子实体形成初期，如果有80～160勒的散射光，要比完全黑暗好些。实验表明，金耳混杂型的优良有效原种和栽培种，自始至终，在完全黑暗条件下，或者在半天强散射光、半天直射阳光条件下培养，菌丝体和子实体都能生长发育，但质量和生长发育状态较差，出耳率较正常条件下低18.4%～46.8%，子实体较小而干缩，甚至呈劣质耳和畸形耳。在直射阳光的影响下，菌丝体每100克的干物重（含菌料的干物重）较正常条件下低0.028～0.12毫克，菌料容易干缩，含水量低15.8%～22.4%。向阳面的菌丝体，蔓延速度比背阴面慢4～6天。在全封闭出耳条件下，虽然菌料含水量变化较透气培养小8.4%～12.5%，但并不因为光照度大，能促进子实体的正常转色（生理型病变例外）。相反，在透气培养条件下，虽然菌料比较容易失水变干，但菌瓶在暗散射光、有时甚至在黑暗条件下，子实体也能局部转为橙色，甚至橘红色。这说明单靠光照度，并不能完全促进金耳子实体的正常转色。

五、通风透气度(氧和二氧化碳)

金耳虽然也和其他大型食用菌一样,属于好气性生物,在正常的整个生长发育阶段,需要一定的氧气。但是,金耳制种阶段(包括菌丝体的生长发育和白耳型子实体的形成和长大)对小环境的通风透气度,有较高的耐力。实验表明,采用各种常规容器制备金耳的有效优良菌种,只要留有一定量的空隙度,就可以在较长时期内,维持菌丝体和基面子实体的正常生长发育。在采用棉塞加盖牛皮纸或报纸的情况下,虽然通风透气度有利于菌种的正常生长,但是,基料比较容易失水变干。在采用塑料薄膜封闭瓶口的情况下,可以相对保持基料含水量不至于较快丧失,也能保持基面子实体在较长时间内体质饱满,颜色洁白。与透气培养相比,菌种的培养性状,并无明显的差别,只是在透气条件下,菌丝体生长速度较快,后期能提前进入生殖生长阶段,生殖菌丝比较容易形成幼耳。但在封闭式培养和开放式出耳的情况下,当金耳混杂型菌丝体,由营养生长进入生殖生长(幼耳形成或种耳长大)阶段。小环境和大环境的通风透气度,不仅能加速幼耳的形成和种耳的长大,更明显的是,能够快速促进子实体转色。直接暴露在空气中的幼耳,能很快转为淡黄色至橙黄色,甚至橘红色,使长大的子实体,能够正常开瓣、发育成熟,色、形、质都明显优于透气不良的菌种瓶(袋)。

在全封闭培养出耳的条件下,虽然也能形成较大型的脑状、块状的金耳子实体,但由于通风透气不良(主要因素),再加上其他多因素的不良影响,促使子实体自始至终呈白耳状态,不开瓣,不转色,形状不正,有时形成畸形耳和烂耳,这实际上是一种生理病变类型。经分析测试,白耳与正常形成的橙耳相比，虽然在种性、大小、品质、味觉和营养成分等各个方面，并无明显的差别，但是，不开瓣、不转色或不能完全转为橙黄色的子实体，没有商品价值。严格地讲，这样的子实体，不能叫做金耳，只能叫做白耳或白色脑耳。

如果较长时间在不同程度的通风透气条件下封口培养，通风透气度则影响子实体的转色程度，多半形成不同程度或局部转色的子实体。在完全开放式出耳培养的情况下，例如段木、代料瓶（袋）穴播，封闭式培养，开放式出耳，所处的小环境和大环境通风透气度都与野生金耳相似（主要因素），再加上人为控制的有利条件，例如，保证较适宜的温度、湿度、营养基质、透光度和酸碱度等辅助因素的综合作用，则子实体自幼耳至成熟期，都能保持鲜艳的橙色、金黄色、甚至橘红色的特点，这才是名副其实的“金耳”。如果各种生态、生理因素都适宜于金耳子实体的正常生长发育，则不仅产量高，品质好，而且子实体自身的生活力和抗污染能力都能明显提高。用这样的金耳选育良种，就能使金耳大面积栽培高产稳产。

应该强调指出，金耳的转色机制，综合性的生态、生理因素是一个整体，其中，通风透气度是起着决定性作用的因素。如果没有其他因素的综合作用，例如，没有湿度的保证，只满足通风透气度，长期处于干硬不发育状态的白耳或白色脑耳，是不能转色的。在生产实践中还看到，生长在相同或者不同生长条件下的金耳子实体，有时，颜色反应有所不同，多数呈鲜橙色甚至橘红色，少数呈金黄色或淡黄色，有时恰恰相反。这种颜色的差别，除了与光照度、干湿程度、通风透气程度以及基质类型有关外，还与某种光敏化学物质的存在和含量有关。例如，保存颜色十分鲜艳的子实体样品，在强直射或强散射光的照射下，鲜艳的橙色、橘红色或金黄色，会较快的褪色。光照强度越强，褪色也就越快，促成不鲜艳的淡黄色、淡黄白色，甚至近于白色。高温条件下较低温条件下褪色快，变化大。如果用黑布、黑纸，多层次遮光，放置在低温条件下贮藏，鲜艳的颜色就能较长期保存下来。效果比单层次遮光，放在室温和高温条件下贮藏要好得多。但是，无论如何，要使金耳鲜艳的色泽永远不变是不可能的。

有的学者，根据 Torkelsen(1968)从挪威的标本研究所作出的结论：即 Tremella mesenterica Fries(金耳的误用名)具有分生孢子和担孢子两个不同的生长发育阶段，分生孢子的橙色，就促成了分生孢子阶段的子实体呈橙色特征，这阶段最常见，全年都能采集。到晚夏和早秋，担子和担孢子就在上述同一子实体上产生，混合形成了金黄色的阶段，最后，仅留有担子和担孢子。故这时期的子实体，就变成淡黄色了，这最后阶段的标本很少见。

笔者根据在不同地区，对段木、代料出耳的金耳子实体颜色变化的系统观察，凡是在综合生态、生理因素正常条件下生长发育的子实体，例如，夏季至早秋，野外露地上段木栽培的金耳和室内大通风条件下用代料栽培的金耳，凡是在封闭条件下培养菌丝体，在完全开放式条件下出耳的金耳子实体，多半呈鲜艳的橙色，甚至呈橘红色特征。在个别由于通风条件不良，或由于某种生态、生理因素的缺陷或差异的情况下，有少数金耳的子实体，颜色较淡，或者呈金黄色，或者呈淡黄色，甚至淡黄白色(详见金耳的生态环境、产地调查、生物学特性和生理特性各章、节)。这种颜色的差异，与担孢子和分生孢子的形成或生长，并无直接的关系。再说，根据显微镜的观察，金耳在空气相对湿度大、生态环境潮湿、温度不低于 4℃～8℃，不高于 34℃的条件下，全年都能形成担孢子、粉孢子和分生孢下，镜检分散或成堆的分生孢子，无论是肉眼下和显微镜下，都是无色透明的。在斜面和平板培养基上聚集的粘稠状分生孢子菌落，也呈乳白色、污白色或稍淡黄白色，分散的担孢子也呈无色，聚集成堆的担孢子，只呈淡黄白色至稍淡橙黄色，显然与 Torkelsen(1968)的结论不同。

有的学者按照 Eles Fries 建立的耳包革属概念提出，金耳子实体的内层，是由粗毛硬革(毛韧革菌)和血革(血痕韧革)组成，但又强调，金耳子实体的鲜艳橙色和金黄色，是由粗毛硬革的乔装打扮形成的。还有的学者提出，金耳的担子和担孢子颜色，是由粗毛硬革分泌的色素染成的。这些论述，都属于主观推测，有待于用实验结果来证实。

六、基质营养

基质营养，是金耳生长、发育的物质基础，也是高产稳产的重要前提和保证。虽然金耳的单一型纯菌丝体对各种基质所含的粗纤维的分解能力很弱，但在各种伴生菌，特别是在有亲和性的毛韧革菌的友好帮助下，将金耳单一型菌丝体难于分解的营养物质，分解转化为金耳单一型菌丝体能够吸收利用的营养物质后，形成混杂型的双重菌丝体和金耳子实体，就能够将原来金耳单一型菌丝体难于分解的营养物质直接吸收利用，良好地生长发育，达到优质、高产、稳产的目的。实验表明，在金耳型和毛韧革菌型双重菌丝体的合理搭配情况下，基物上形成的优良金耳子实体及其菌丝体，对各种基质营养类型的适应范围很广。

在供试验的 38 种母种培养基和 64 种原种和栽培种的培养基上，碳源包括各种含粗纤维的农林副产物，轻化工业和食品工业的废弃物和下脚料，各种糖类、可溶性淀粉、碳水化合物；氮源包括各种有机氮，例如马铃薯、酵母浸膏等，铵态氮例如硫酸铵、碳酸氢铵、氯化铵等。此外，还包括各种维生素和无机盐。金耳混杂型的双重菌丝体和子实体，都能吸收利用，提供生长发育的需要，但生长好坏和吸收利用的程度，也有一定的选择和适应范围。

根据564批次的初筛和复筛结果，认为母种培养基以PDA加3%麦粒煎汁培养基效果最佳，其次是PDA常规培养基内分别加入黄毛青冈、黄豆粉、玉米粉、麦麸和4%～8%麦粒的煎汁液培养基和PDA加0.2%～0.3%蛋白胨培养基。

原种和栽培种，则以各种适生的阔叶木屑、棉籽壳为主料，外加麦麸、白糖、石膏粉、磷酸二氢钾、硫酸镁等辅料的培养基效果最佳，其次是一般的其他阔叶木屑、杂木屑，外加上述辅料的培养基。各种农林副产物和下脚料，与上述主料和辅料混用，比单用的效果好。

各种含有毒物质的针、阔叶木屑，经过处理的可以使用，与上述主料混用也比单用的效果好。未经处理的，菌种生长效果很差，甚至完全不能生长，没有实用价值，不能使用。

总之，能够用来栽培金耳的段木，特别是各种代用材料很多，来源较广泛，方法简便，科研、生产、教学单位，可根据就地取材的原则，广泛选择应用。

七、生物条件（伴生菌）

在金耳产区生境调查所到之处，看到林地伐桩和枯枝、枯干上只长金耳的子实体，一般来说，这样的基物，金耳产量较高，品质较好。取只长金耳的耳木在室内进行组织分离培养，结果在木屑和其他代用料培养基上，常常长出毛韧革菌的子实体；在少数情况下也长出其他木腐菌类的子实体，或者任何菌类的子实体都不见生长。随着基物上出现伴生毛韧革菌或其他木腐菌的子实体数量增多，金耳的产量却逐渐降低，品质变劣，甚至完全不长金耳。

对室内外段木、代料栽培金耳的调查结果表明，由于段木、代料栽培是在人为的控制条件下，采用金耳的有效优良原种和栽培种人工接种，情况与野生金耳显然不同(表4)。金耳野生资源考察，室内外段木、代料栽培和文献考证确认：金耳的地理分布很广，但各地的资源量却十分稀少，广适性与资源量稀少的矛盾，主要是受特殊生物因素(毛韧革菌)的制约所造成的。只要掌握了伴生毛韧革菌与金耳菌的内在相关性，人为控制毛韧革菌向有益于金耳正常生长发育方面发展，就能使金耳的批量栽培，不受地域的严格限制，而取得成功的结果。这样的科学预见和论断，对后期工作起到了重要的指导作用。

表4 野生金耳、室内外段木、代料栽培金耳与伴生菌的关系

(1982～1989)

调查地区		调查数	基物上只长金耳	金耳与革菌伴生	金耳与其他木腐菌伴生
丽江林区野生金耳		184	88	76	20
		百分率(%)	47.8	41.3	10.8
维西林区野生金耳		116	63	47	6
		百分率(%)	54.3	40.5	5.2
漾濞林区	野生金耳	63	34	20	9
		百分率(%)	53.9	31.7	10.4
	段木栽培金耳	746	614	101	7
		百分率(%)	82.3	13.5	0.9

续表 4

调查地区		调查数	基物上只长金耳	金耳与革菌伴生	金耳与其他木腐菌伴生
昆明食用菌研究所培养室	段木栽培金耳	92	73	14	5
		百分率(%)	79.3	15.3	5.4
	代料栽培金耳	1114	684	316	0
		百分率(%)	59.3	28.3	

在自然条件下，几种木腐菌相邻习居，是生物群体的普遍现象。基物上出现某种木腐菌的子实体数量大小，大体上反映出该菌物的菌丝体，在基物内的生长量和生长势。当毛韧革菌或其他木腐菌的子实体占绝对优势时，这些伴生菌类对金耳的生长发育是有害的，基物上生长的金耳子实体很小，甚至完全不能生长金耳；相反，当毛韧革菌或其他木腐菌的子实体很少而小，基物内的菌丝体占劣势时，伴生菌对金耳的生长发育是有益的。它能将金耳难于分解的粗纤维等大分子的营养物质分解转化为金耳能够吸收利用的营养，使金耳能够在基物上生长定植，形成品质较好的子实体。在段木或代料栽培金耳的情况下，由于人为的控制和诱导，情况与野生金耳有所同又有所不同。一般来说，室外段木栽培金耳，多数基物上只长金耳，少数基物上金耳与毛韧革菌和其他木腐菌相邻伴生。室内代料栽培金耳，绝大多数基质上只长金耳，极少数甚至极个别的基质上，金耳与毛韧革菌伴生，但完全不会出现金耳与其他木腐菌伴生的情形(表 4)。

为了进一步认识与金耳子实体相邻伴生的各种木腐菌对金耳生长发育的影响和相互作用，笔者对野生金耳和人工栽培金耳相邻伴生的各种木腐菌类，进行了分类鉴定、组织分离培养和搭配金耳型纯菌丝体的出耳试验。

(一)"伴生菌"子实体的分类鉴定 调查所见,少量"伴生菌"的存在,是金耳赖以正常生长发育的基础。因此,明确各种与金耳子实体相邻的"伴生菌",与金耳生长发育的相关性十分重要。笔者将野生金耳、人工栽培金耳,以及耳木分离所出现的各种"伴生菌"的新鲜子实体编号、记载,进行室内分类鉴定,能够确定拉丁学名的"伴生菌"有:毛韧革菌(粗毛硬革菌)Stereum hirsutum、扁韧革菌 Stereum fasciatum、黑木耳 Auricularia auricula、茶银耳(茶耳)Tremella foliacea、裂褶菌 Schizophyllum commune、单色云芝 Polystictus unicolor、杂色云芝 Polystictus versicolor、绒毛拴菌 Trametes pubescens、朱红拴菌 Trametes cinnabarina、毛拴菌 Trametes hirsutus 等。

(二)"伴生菌"子实体的组织分离培养 将室内外单独与金耳子实体相邻伴生的上述各种"伴生菌"的耳木,用0.1%升汞液表面消毒半分钟,用无菌水振荡浸洗5次,每次1~2分钟。置无菌箱内自然风干半小时后,取靠近金耳子实体的内部组织少量,于PDA培养基和PDA加蛋白胨培养基斜面上,25℃恒温箱内纯培养。待菌丝体长满斜面后,于无菌箱内,转接入阔叶木屑和其他代料瓶的灭菌培养基表面穴部,置于培养室内遮光培养。10个处理,共计788瓶,重复3次,共计2 074瓶,经过1年半的出子实体观察,多半只获得毛韧革菌的子实体,其他伴生菌类很少或完全不出子实体(表5)。

表5　各种“伴生菌”的分离培养结果

伴　生　菌	接种数(瓶)	出子实体数(瓶)	出子实体率(%)
毛韧革菌	1300	1300	100.0
扁韧革菌	128	29	22.7
黑木耳	236	46	19.5
裂褶菌	116	13	11.2
杂色云芝	106	14	13.3
茶银耳	101	10	9.9
毛拴菌	48	6	12.5
单色云芝	63	0	0
绒毛拴菌	48	0	0
朱红拴菌	34	0	0

（三）“伴生菌”菌丝体的扩菌培养　将生长毛韧革菌、扁韧革菌、黑木耳、裂褶菌、杂色云芝、茶银耳、毛拴菌子实体的菌瓶，于无菌条件下，取子实体基部以下2～3厘米的菌料小块，再转接阔叶木屑的灭菌罐头瓶重复出菇3次；大部分菌瓶，只获得原来的木腐菌子实体；少部分菌瓶，除长出原来的子实体外，也长出毛韧革菌的子实体；极少数菌瓶，却不见任何子实体生长。

（四）“伴生菌”菌丝体与金耳型菌丝体的搭配出耳试验　将金耳担孢子，自然弹射在杂木屑固体培养基上，形成的纯金耳型菌丝菌种，培养1～1.5个月后，分别接入以上各种伴生菌的菌料少量，进行出耳培养，重复5次，各250～360瓶不等。除毛韧革菌与金耳纯菌丝菌种搭配混合培养的菌瓶，获得46.3%的出耳率外，其余各种混合培养的菌瓶，经过历时半年的室温培养,只长菌丝,不形成任何菌类的子实体。这初步说明,只有毛韧革菌的搭配菌丝体能促进金耳子实体的正常生长发育,其他菌类,虽然能与金耳子实体相邻伴生,但不能明显促进金耳子实体的形成,甚至是有害的。

(五)**野生金耳和段木、代料栽培金耳的伴生毛韧革菌形态鉴定** 采集野生和人工纯培养获得的伴生毛韧革菌,用肉眼和显微镜鉴定,其基本形态一致。子实体1年生,薄片状,常常与金耳子实体相邻伴生,在基质内,二型菌丝体相互混杂,二者的自然搭配,很难用常规方法提纯或分离,由于栽培方式和所处的环境条件不同,形态或多或少有些变化,但基本形态特征不变。生于段木、伐桩和林地卧木干上的伴生毛韧革菌,单生、散生或群聚侧生、半背着生,菌盖半圆形或扇形,群聚侧生,近似覆瓦状,基部垂生。瓶、袋栽培则多半呈平伏状,边缘有时反卷。背着生或半背着生时,菌盖狭窄,多半平伏呈薄片或薄盘状,有时近似巢穴状,瘤球状。鲜时,整体表面呈杏黄色或浅土黄色,平展,韧性,纯革质,柔软,有弹性,菌盖1.0～4.5厘米×1.0～2.5厘米,基部稍厚0.15～0.23厘米。干时变硬,呈韧性硬革质,边缘卷曲,淡黄白色至灰黄白色,菌盖正面,密被黄色、黄白色至灰黄白色绒毛或硬毛,毛层厚度0.5～1.5毫米,具稍稍明显的赭色同心环纹;菌盖反面,子实层体平滑,呈一平面,有时有稍稍浅污褐色的同心环带。在多数情况下不明显,甚至完全消失;菌盖纵断面甚薄,绒毛层和菌髓间,有时有赭色或赭色带间隔,断面厚0.3～0.8毫米(包括子实层、中间层和紧密狭窄的边缘带),菌髓菌丝,无色或稍稍淡棕黄色,较粗壮而硬实,多少弯曲,壁较厚,厚度均匀或不均匀,有时有横隔和锁状联合,有菌丝圈环,粗度2.5～6微米;背毛长97.5～117.6微米,粗3.75～6.75微米,壁厚,内含较明显的颗粒体内含物。

瓶、袋栽培金耳，形成的伴生革菌，有时很厚，纵断面(毛层除外)厚度达600～786微米，背毛长度647.5～1170微米。有时伴生毛韧革菌自菌袋套环口部挤出，形成颇坚韧的瘤球状。这与栽培环境和菌种质量恶劣有关。其显微结构，仍然与种的微细特征相似。担孢子无色，透明，平滑，圆筒形，一端稍稍弯曲，嘴状，6.3～7.5微米×2.3～2.5微米(图8)。

如果段木、代料栽培不能严格采用有效优良菌种播种，栽培管理也不严格，金耳出耳率会明显下降，甚至完全不能出耳。段木上滋生繁殖的各种木腐菌类，以及由无效菌种形成的毛韧革菌子实体，会旺盛地生长繁殖，常见的有毛韧革菌、黑木耳、茶银耳。不懂科学的人认为，这是金耳变成黑木耳和茶银耳了。生产实践表明，这是由于有些地区和单位，采用毛韧革菌占绝对优势的无效劣质菌种播种，段木砍伐前，黑木耳、茶银耳等适生木腐菌，已经感染了被砍伐用来栽培金耳的段木，再加上栽培管理的方法，也是由习惯于沿用木耳类的栽培管理方法所造成。

第二节　金耳各类型孢子的萌发生理

详见本章第一节金耳各类型孢子的生长发育条件和第三节金耳各类型孢子的分离培养和出耳率的关系部分。

第三节　金耳的生理特性及有效优良菌种的制备原理

研究金耳的生理特性及有效优良菌种的制备原理，是金

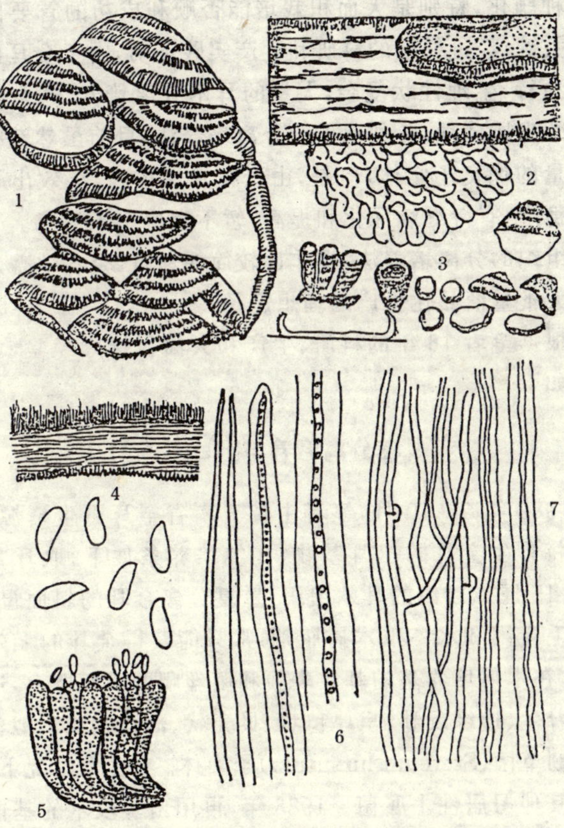

图 8　毛韧革菌[Stereum hirsutum(willd.)Fr.]宏观和微观形态

1. 子实体在伐桩侧面群聚呈覆瓦状，伴生的金耳子实体很小　2. 小型毛韧革菌子实体，在林地卧木侧面平伏、边缘反卷，伴生的金耳子实体较大　3. 代料或段木栽培形成的各类型毛韧革菌子实体　4. 子实体纵断面(显示出背毛层、菌髓和子实层)　5. 担子和担孢子放大　6. 背毛局部放大　7. 菌髓菌丝放大(借助于 600 倍显微镜描绘)

耳引种驯化，特别是大面积栽培能否顺利成功的首要问题和技术关键。经过长期的科研和生产实践证明，由于金耳的组织结构独特，生理性状复杂，大量的耳木分离培养，通常只能获得无效劣质菌种。各种孢子的分离培养法，目前虽然获得了一定数量的优良子实体，但是，由于技术性很强，有效出耳率低而不稳定，有待继续深化和提高，暂不宜应用于生产。采用子实体组织的分离培养法，操作比较简便易行，是各地普遍实现金耳大批量商品化生产的理想途径。

根据笔者16年的科研、生产和大面积推广经验，现总结归纳如下。

一、耳木分离培养与出耳率的关系

1982年5～10月，笔者主持云南省金耳野生资源考察，首先将野生金耳的出耳基物，在纯培养条件下，取耳基附近0.2～15厘米以内的耳木组织，重复分离金耳的斜面母种，接种黄毛青冈和水冬瓜木屑瓶，通常只能获得金耳的无效劣质菌种。在木屑培养基的基质表面和菌丝爬壁的瓶壁上，通常形成背着生、边缘反卷、呈厚毡状、贝壳状、薄盘状或近似覆瓦状的毛韧革菌(Stereum hirsutum)子实体。在少数情况下，也能长出其他习居性木腐菌。1983年，再用出耳段木的基内菌丝体和耳基附近的腐木组织，采用不同组分的试管斜面或三角瓶平板培养基，分离获得22 480支(瓶)母种，转接83 880瓶原种和栽培种绝大部分菌种瓶内，仍然只长毛韧革菌的子实体，其余部分菌瓶，却始终不见任何菌类的子实体生长，与野外基内菌丝体和腐木组织大量分离的结果有所同也有所不同。

二、孢子分离培养与出耳率的关系

供试母种的培养基，选择PDA加蛋白胨培养基(在PDA培养基质内，加入0.3%～0.5%蛋白胨)和PDA加3%麦粒煎汁培养基(在PDA培养基质内，加入3%的麦粒煎汁)。原种培养基，选择最佳适生树种黄毛青冈木屑培养基(黄毛青冈木屑78%、麦麸20%、白糖1%、石膏粉1%)，供试菌种选用野生和段木栽培获得的新鲜、成熟金耳子实体，经自然风干后备用。

实验方法：将供试的金耳子实体，用无菌水清洗表面5次，置无菌室内自然风干，用灭菌快刀将大耳切成2.5～3厘米的小耳，用无菌金属钩挂耳，耳瓣向下，悬挂在盛有上述两种组合培养基的三角瓶平板上方，塞好棉塞，于17℃～22℃干培养室内培养。待子实体表面，长出白霜状物，在平板培养基表面，能看到有薄层担孢子印时，在无菌条件下，除去挂钩和耳块，塞好棉塞，移到25℃温箱中继续培养。42小时后，可以看到自然降落在两种平板培养基表面的担孢子，不能形成菌丝体，只能形成乳白色粘稠状的小菌落，单菌落隆起呈弧形，表面光滑，有光泽感。继续生长48小时后，菌落增大，相互连结呈不正形，片状或条块状，颜色变污白色，不同基质上的粘稠度、颜色略有差异。用灭菌接种针取样镜检，均为酵母状出芽增殖的芽孢(酵母状分生孢子)。

继续取段木或代料栽培出耳、转色、已开瓣的、成熟的金耳子实体，用三脚架托耳于载玻片上，或将耳直接放在载片上。另外，取灭过菌的载片、三脚架、塘磁盘，在无菌条件下制成载片琼脂平板，将用无菌水洗净表面的新鲜金耳，同样用三脚架托耳于载片琼脂平板上，盖好搪瓷盘盖，在室温16℃～

24℃和25℃恒温箱中培养24小时后，除去三脚架和金耳，镜检载玻片上已形成薄层的担孢子印。金耳子实体直接放在载片上的处理，担孢子普遍发芽，形成发芽管，发芽率高达98.6%～100%，芽管伸长度64～348微米不等，部分担孢子，已形成1～3次分枝。在这种条件下，担孢子不产生或很少产生芽孢。用三脚架托耳于载玻片上方的处理，担孢子自然降落于载玻片上，普遍不发芽，也不产生芽孢。将载片上的担孢子，分别加5%和10%的葡萄糖水溶液、10%的黄毛青冈木屑浸汁液，用清水（自来水）和蒸馏水处理作对照，制成孢子液，放入保湿器皿内，直接保湿培养。同时，取载片上不加任何水溶液的担孢子印，放入保湿器皿内，间接保湿培养。每隔12小时，镜检担孢子和酵母状分生孢子的萌发情况。

实验表明，加清水、蒸馏水和不同营养液处理的担孢子，于12小时前，已开始吸水膨大，露出发芽孔，以芽殖方式产生少量的芽孢。12～24小时内，继续芽殖，再产生较多的芽孢，24～48小时内，芽孢数量不断增多，而担孢子的内含物（颗粒状原生质体）却陆续减少。48～60小时内，绝大部分担孢子颗粒状原生质体已完全消失，形成空壳。有的担孢子空壳萎缩变小，芽殖产生的芽孢，聚集在担孢子发芽孔周围。在担孢子芽殖的同时，先产生的芽孢，也开始以芽殖方式再产生芽孢。因此，芽孢数量越来越多。

从统计数字来看，用蒸馏水处理的担孢子液，产生芽孢的数量最少，其次是用清水处理的担孢子液，用5%、10%葡萄糖液和10%黄毛青冈浸汁液处理的担孢子液，产生芽孢的数量却依次增多，孢子液依次变浓。未加任何水溶液处理的载片，担孢子在间接保湿条件下，12小时后镜检，原来分散在载片上的担孢子，在保湿器内形成的水气迹的影响下，普遍聚集成小片、大片或团块状，部分担孢子，也能芽殖产生少数芽孢。

当载片上的水气迹形成薄层水膜时，担孢子芽殖的数量明显增多，也开始出现芽孢再芽殖的现象，与直接保湿培养法相似。在这种条件下，位于水气迹和薄层水膜边缘的少量担孢子，能够产生34～78微米长的发芽管。但是，发芽管普遍向水气迹和薄层水膜的外侧伸出，说明担孢子发芽，对空气(O_2)的要求比较敏感。

已经发芽的担孢子，在适合的水溶液条件下，特别是营养液条件下，尚能够微弱地伸长。自然降落在载片琼脂平板上的担孢子，发芽情况与三角瓶挂钩法相似。采用这种方法的优点是，便于系统观察和研究担孢子和酵母状分生孢子系统芽殖的微观变化。将琼脂平板培养基上形成的粘稠状分生孢子菌落，在无菌条件下转管扩菌，接种木屑、棉籽壳等代料培养灭菌瓶，在适当的温、湿度条件下，粘稠状的分生孢子，能发芽形成洁白色、细弱的金耳型纯菌丝体，与担孢子自然降落在代料培养基上，形成的单一型纯金耳型菌丝体趋于一致。

这种单一型的菌丝体，虽然也能很缓慢地向基质内生长蔓延，但1个月后，气生菌丝不旺盛，稍稍呈平伏的绒毛状，白色，疏松，与用金耳子实体的组织分离法和耳木分离法获得的混合型菌丝体相比较，培养性状显然不同。这种单一型的金耳纯菌丝体，长势微弱，抗逆性很差，长期内不能出耳，容易受杂菌污染而告终。如果将单一型的金耳纯菌丝多量，与分离自金耳组织培养的混合型菌丝和伴生革菌型菌丝，经纯化后获得有亲和性的毛韧革菌菌丝少量，先后回接搭配，在有亲和性的耳友菌的帮助下，金耳单一型的菌丝体，能够较好地生长发育。68～78天内，形成较少量的金耳子实体。再将特殊条件下，由于生殖菌丝断裂，形成大量的节孢子(粉孢子)，经过转管、移植、扩菌、接种木屑、棉籽壳代料培养灭菌瓶，同样用已获得的有亲和性的毛韧革菌纯菌系菌丝母种或原种，回接搭配单一型的粉孢子母种和原种，也获得了一定量的金耳子实体。其生长发育，较担孢子和分生孢子回接搭配毛韧革菌的处理为好。鉴于孢子分离法技术性强，目前效果还不够理想，有待于进一步深化提高，暂时不能应用于生产。

三、子实体组织分离培养法与大面积生产

采用金耳的子实体组织分离培养法，是实现金耳引种驯化和大面积生产的理想途径。1983 年 1 月 16～23 日，笔者采用组织分离培养法，获得了第一朵和第一批局部转色的金耳子实体；3 月 18～26 日，又相继获得了第二批(124 瓶)不同程度转色的金耳子实体。透气程度，影响转色度。经过 23 批次的重复验证，每一批次，在同等条件下获得的金耳母种、原种和栽培种，用肉眼和解剖镜仔细观察，培养性状或多或少都存在一些差异，与所有单一型的菌类有很大的区别。

单一型的菌类，例如平菇、金针菇等，在同等条件下获得的母种、原种和栽培种，只要生长发育是正常的，无论分离培养的数量如何多，其培养性状都完全相同。因此，笔者按金耳菌种，菌丝体的培养性状(菌苔结构、二型菌丝体的组成和疏密程度、接种点周围的变色反应和范围大小、不同培养基质的变色反应和适应程度)进行分级归类，大体上分为 5 个等级。

按照分级标准，继续进行 58 批次的木屑代料栽培，共获得 11 868 瓶(袋)原种。将每一瓶(袋)原种，再按分级编号，置于干培养室内，温度 20℃±4℃，光照度 160 勒条件下培养，系统观测每一瓶(袋)原种的培养性状和有效出耳率、耳质、子实体大小、二型菌丝体的自然搭配显微结构。

实验表明，母种平板或斜面培养基的不同部位，原种基内或基面的菌丝组成，普遍是二型菌丝体的混杂型。两者的自然搭配，是很难用常规方法纯化分离的(图 8，图 9)。再按有效优良原种(图 10)和无效劣质原种的鉴定标准(详见附录：金耳制种技术规范试行方案)。取样扩制栽培种，仍然普遍是二型菌丝体的混杂型。

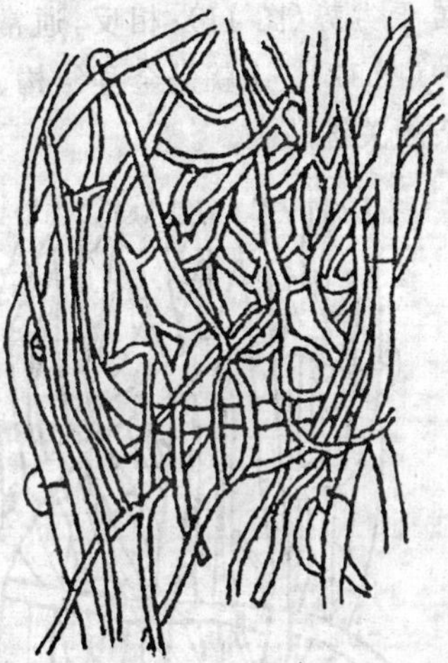

图 9　有效母种斜面的菌丝体结构

从总体上看，二型菌丝体混杂的比例不等，凡属有效能出大耳的菌瓶(袋)，自然搭配的金耳型细长菌丝，都占优势，作为耳友的毛韧革菌粗菌丝，都

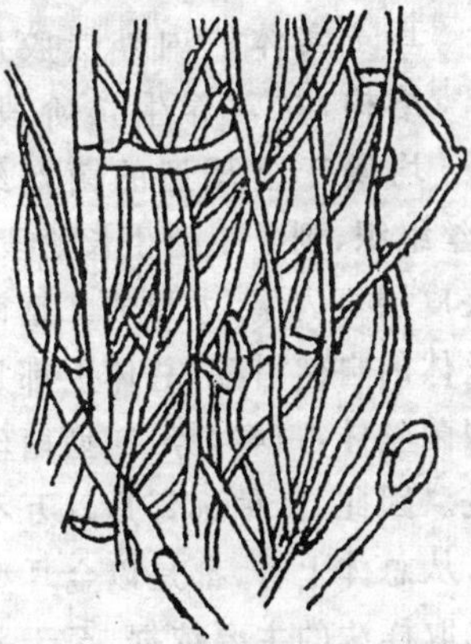

图 10　有效优良原种基内的菌丝体结构

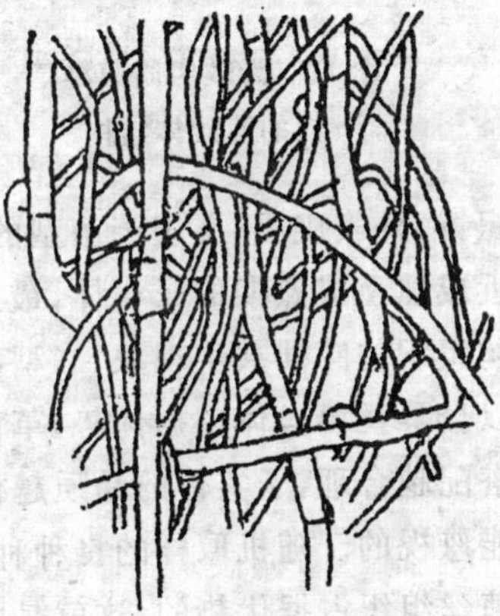

图 11　有效栽培种基内的菌丝体结构

居于劣势(图 11);相反,通常属于无效不能出大耳的劣质菌种(图 12)。这就是金耳结构、生理性状特异、技术理论问题复杂的关键所在。

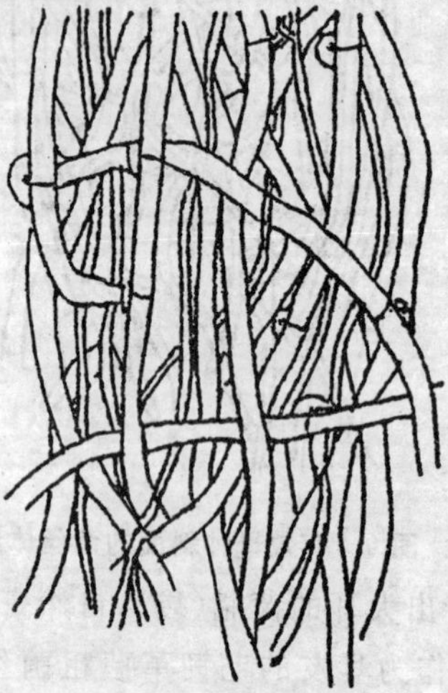

图 12 无效劣质菌种基内的菌丝体结构

很多中外学者,都把金耳有效优良菌种的分离培养视为难关。笔者经过艰苦的探索,首先找到了长期被科学家们忽视的简便方法,即每一批次的分离培养,都以子实体随机取样法为最佳途径,获得的有效出耳率最高(表 6)。可以确认:金耳有效优良菌种的制备,子实体是主体是基础。由于金耳子实体的内外层胶质结构,在营养生长阶段,均属于金耳型的菌丝组织,最外表皮层,属于革菌型的菌丝组织,到了生殖生长阶段,近成熟至成熟期的子实体,最外表皮层至内层,才形成二型菌丝组织的穿插共生现象。二型菌丝体的自然塔配,总体上都是以金耳型菌丝体占据优势,革菌型菌丝体占据劣势。二型菌丝搭配越合理,子实体的品质越优良。因此,良种选育是万万不能忽视的。随机取样的良种种块,从总体上看,都是以金耳型菌丝组织占据优势的,这就是随机取样法的主要依据。至于采用优良种耳随机取样的耳块“投耳法”,继代复制有效优良原种,也是居于对二型菌丝体自然搭配的适当比例为出发点。

表6　子实体不同分离部位的出耳率比较

（昆明食用菌研究所 1983～1985）

分离部位和方法	分离总数（瓶）	基物上只长金耳		基物上只长革菌		基物上金耳与革菌相邻伴生	
		瓶	（%）	瓶	（%）	瓶	（%）
子实体随机取样法	2463	1499	58.2	921	36.0	36	14.6
耳基部菌料加少量随机取样耳块	1560	810	52.0	720	45.2	28	1.7
耳基部组织略带少量木屑菌料	946	470	48.7	461	48.6	13	1.3
耳表皮部位略带少量随机取样耳块	476	210	44.1	244	51.2	16	3.6
耳内部菌肉略带少量表皮层组织	863	341	39.5	519	60.1	2	0.2
耳内外层交界处的有限部位组织	1638	601	36.7	961	58.9	61	3.7
耳中心部菌肉组织	3418	1106	32.3	2283	65.9	16	0.5
耳表皮层略带附着的微量菌肉组织	74	22	29.7	40	51.0	8	17.8
出耳段木的基内菌丝和耳基附近的腐木组织	4560	0	0	3166	69.4	—	—

采用优良种耳的碎耳、小耳混有效菌料法，复制原种、扩制有效栽培种，都能使栽培种的有效出耳率显著提高，获得段木栽培高产稳产的结果。10余年来的大面积段木栽培的实践证明，采用良种良法，推广段木大面积栽培，都获得了良好的结果。相比之下，段木批量栽培，要比代料批量栽培容易成功，但单一的段木栽培，容易导致森林生态环境的严重破坏。在段木资源缺乏，又不重视采育兼顾砍一种三的地区，笔者主张，

以段木栽培少量作为采集优良种耳的基地，培训代料栽培的技术骨干，在不断更新获得充足优良种耳的前提下，大批量推广代料栽培。实践证明：只要能够认真掌握金耳有效优良菌种的制作，认真掌握好栽培管理的技术要点，代料栽培，也容易成功。这样，就能统筹兼顾，科学种植，使金耳生产永远立于不败之地。

“投耳法”的技术要点：首先是认真采集野生或段木栽培呈团块状尚未开瓣的优良种耳，在无菌条件下，分离、制备、筛选有效母种。如果优良种耳大而充足，也可以直接制作原种。由于金耳子实体表面沟穴甚多，未开瓣，特别是成团块状的幼耳，内部组织肥厚而充实，在无菌条件下，取内部白色组织先分离母种，组织块要比单一型菌类(例如平菇)常规制种大些，培养基的斜面要比单一型菌类(例如平菇)常规制种适当小些，基质营养含量不宜过高，以 PDA 加 3%麦粒煎汁培养基为最好。段木栽培的制种，可以采用 PDA 加 0.2%～0.3%蛋白胨培养基。在基质斜面较大的试管或三角瓶平板培养基表面，可以多接入几个耳块组织，目的以培养金耳子实体的耳块为主，适当控制革菌菌丝体的生长。在 PDA 加 3%麦粒煎汁培养基上，耳块生长洁白、充实、饱满，菌丝体白色；而在 PDA 加 0.2%～0.3%蛋白胨培养基上，耳块多半呈淡黄白色，不够充实，耳块周围容易形成淡黄至黄褐、甚至棕黄褐色菌丝，氮源增多，容易促进毛韧革菌菌丝体的旺盛生长，形成无效劣质菌种。

用较大耳块或耳块带少量有效菌料转接代料瓶(袋)，容易获得有效优良原种。用毛韧革菌菌丝体占优势的混杂型菌丝、菌料接代料瓶(袋)，容易形成无效劣质菌种。

母种转接原种后，在 20℃±3℃干培养室或 25℃恒温箱内培养，温度不宜过高。温度过高，容易促进毛韧革菌旺盛生长，不利于金耳型菌丝正常生长。培养期间，要经常注意观察各菌瓶(袋)的生长发育情况。

制作原种，以棉籽壳、适生木屑(栎木、水冬瓜木和阔叶杂木的木屑)单用或适当比例混用较好。常用的配方是：棉籽壳或适生木屑77%，麦麸20%，白糖、石膏粉各1%，磷酸二氢钾0.5%，硫酸镁0.3%～0.5%，主料混用棉籽壳的比例可以酌减。经过观察和鉴定，凡是耳块能迅速长大成形，菌龄不超过1.5个月，子实体大小在5.5厘米×4.5厘米以上，组织充实、饱满、洁白的菌瓶(袋)，都可以视为有效优良原种，可用于大面积的代料栽培，或继代复制有效优良原种。单批次的出耳率，通常高达100%。

应注意的是，优良种耳，如果不在适龄期内使用，当菌龄增大后，虽然种耳外形并无明显变化，但容易出现潜伏性的杂菌感染。这种表面带有杂菌孢子的子实体，用肉眼或解剖镜都难以鉴别。用这样的种耳扩种，容易出现成批的杂菌污染。为了慎重起见，应先将可疑的菌种瓶(袋)编号，在无菌条件下，每瓶(袋)先取2～3个小耳块投耳测试。如果在适温条件下接种后3～5天内，基质表面不出现杂菌污染，耳块和菌丝体都生长正常时，再使用余下的子实体和菌料。如果优良种耳充足，这种菌龄增大的可疑种耳，最好不用为宜，以免后患。

投耳法制种或代料栽培，以投耳于基质表面为宜，不能将耳块接入穴内深处，否则，不利于耳块迅速长大和金耳型菌丝体的正常生长发育，容易转化为无效劣质菌种。如果投入基质表面的耳块，迟迟不见长大，菌料菌丝又十分浓密，后期，基质表面的菌丝体，呈现淡黄褐至黄褐色，气生菌丝爬壁力强，分化形成背着生、薄片状或厚毡状的毛韧革菌子实体。这样的菌种，掏取菌料十分困难，是典型的无效劣质菌种，完全不能用于扩种和大面积生产。

选用有效优良原种的小耳、碎耳混少量有效菌料扩制原种，特别是扩制栽培种，可以只扩入小耳、碎耳不加菌料，在种耳特别优良的情况下，也可以小耳、碎耳少量混有效菌料，或者只扩有效菌料。当扩入的小耳、碎耳或有料菌料在基质表面，形成小米粒、黄豆粒或蚕豆粒大小不等的幼耳时，即表明是有效的原种或栽培种，形成小米粒、黄豆粒大小幼耳的菌种瓶，可以及时用于段木大面积栽培。在有效菌料二型菌丝体搭配十分合理的情况下，只用有效菌料扩种，也能100%迅速形成大耳，绝大部分可以作为有效优良原种使用。有效栽培种用于段木栽培，应在小粒幼耳期就尽早使用，不能等到子实体长大成形再使用。段木栽培只能播种有效菌料，不能播种耳块。因为播种耳块，容易使耳块在穴内霉烂，形成死穴。耳块在菌种基质上继续生长，又消耗了菌料中的营养物质，菌种老化、生活力降低，影响接种料块成活定植，容易导致杂菌污染，降低产量和品质。

第四章 人工栽培新技术

研究金耳的生物学、生态学和生理学特性，明确金耳的菌种制备原理和子实体的转色机制，其根本目的是要突破金耳人工栽培批量生产的新技术。根据16年来系统总结金耳科研、生产和大面积推广的成功经验，将栽培新技术进一步提高和完善，现归纳如下。

第一节 菌种的制备方法和技术

详见附录：金耳（Tremella aurantialba Bandoni & Zang. sp. ner.）国家级制种技术规范试行方案（草案要点）。

第二节 有效优良菌种的选育和保藏

广大的农民和应用生物科学工作者，从长期的生产实践和应用生物技术研究工作中认识到，选育良种，是使农作物获得高产、稳产的根本保证，也是使应用生物科学工作获得优良成果的根本保证。俗话说："好种长好苗，良种夺高产"。没有优良的菌种和优良的农作物种子，就一切都谈不上，这是显而易见的道理。

金耳和所有的单一体菌类和农作物相比，还有另外一个独特的含意。这就是说，所有的单一体菌类，例如常见的平菇、金针菇和木耳等，即使它们的菌体（子实体），种性不够优良，用这种种性不够优良的菌类子实体进行分离培养，在相适应的基物和基料上，只要能够较好地生长发育，虽然不能获得优质高产的后代，但无论如何，一般都能形成与原来菌类相同的子实体。金耳却完全不同，如果不能严格按照制种原理和制种技术规范选育培养金耳的有效优良母种、原种和栽培种，栽培金耳就不一定能获得金耳的子实体，很可能绝大部分，甚至全部获得毛韧革菌的子实体，造成人力、物力、财力的巨大损失。为什么这样说呢？前面已经较详细的论述过，金耳与所有的单一体菌类很不相同，对初学者来说，制种技术确实难度很大，要有一个认真学习、真正理解和反复实践的过程，要改变长期习惯于采用单一体菌类分离制种的习惯。做到这一点，就能够逐步牢固地掌握和应用金耳选育良种的技术要点，显著提高金耳制种的有效率和良种出耳率。

金耳有效优良菌种的选育，首先必须确定选育的金耳菌种，在母种、原种和栽培种的遗传性状上是不是“有效”的。所谓“有效”，就是用金耳子实体的组织分离培养法制作的母种，用子实体投耳法制作的原种，用子实体碎耳、小耳混有效菌料法制作的栽培种，在适宜的基物、基料和生长发育条件下生长，最终肯定都能在基质表面形成金耳的子实体。这样的菌种才能称为“有效菌种”。与此相反，就只能称为“无效菌种”。“有效菌种”和“无效菌种”，在当前的食用菌菌种生产上，可以说是专门针对金耳菌种生产的一对专用的名词术语。虽然也可以适用于银耳的制种生产，但制种方式并不完全相同。在选育获得“有效菌种”的基础上，再进一步按照金耳菌种的制种技术规范严格操作，才能获得既有效(能出耳)又优良的菌种(形成的金耳子实体，在色泽、形状、个体大小、干物重量、内含的多种营养成分上都是上等的)。这样的菌种，才能称为“有效优良”菌种。只有选育获得既有效，又优良的金耳菌种，在生产上才有大面积推广的实用价值，使金耳生产获得明显的经济效益。这就是研究金耳人工栽培新技术的核心。

选育“有效优良”的金耳良种，虽说是夺得高产稳产的根本保证，但是，金耳也和其他生物一样，在获得金耳的有效优良母种、原种和栽培种后，并不是一劳永逸的。要使大面积生产，能够不断持续和稳定的发展，还必须不断地使菌种更新换代。要使金耳的良种，不断地保持旺盛的生命活力，就必须研究金耳良种的保藏方法。研究金耳的良种保藏法，就是研究在人为的控制和管理条件下，怎样才能较长期地延续和保持金耳的有效优良种性，使大面积生产能够拥有不断高产、稳产、优质的足够菌种。要选择最好的方法和途径，尽量降低良种的衰退速度和死亡率，使菌种种性纯一或不被各种杂菌感染。因此，做好菌种保藏，是一项十分重要的基础性工作。

目前，菌种保藏行之有效的基本方法，主要是采用低温冷藏、干燥贮藏和真空隔氧等基本原理，设计各种技术和方法，减缓和降低菌类生物的正常代谢活性和生长繁殖机能，使菌类生物在较长期内处于休眠或半休眠状态。过去，设计保藏单一体菌类，例如，平菇、金针菇、黑木耳等，只保藏单纯菌丝体菌种的方法比较简单，实用的方式方法也很多。这些方式方法，经过模拟和验证，都不实用于金耳的菌种保藏。

由于金耳的有效优良菌种，除了在各种琼脂培养基斜面、平板以及代用料的基质表面，能形成两种不同形态、不同温型、不同生活力的二型菌丝体外，还能够形成有重要实用价值的中、大型异质复合体（白色脑状或团块状的金耳子实体）。这样的菌种，在当前的菌种生产中，还是独一无二的。设计这类独特的菌种保藏法，客观上受到很多因素的限制。例如，金耳型和革菌型菌丝体的温型和生活力不同，革菌型菌丝体较金耳型菌丝体偏喜高温，而不喜低温，革菌型菌丝体生活力强，金耳型菌丝体生活力弱，金耳型菌丝体必须依靠革菌型菌丝体的友好帮助，才能正常生长发育。当温度低于4℃以下时，革菌型菌丝体的生长发育不如24℃以上优良，较长期的低温（0℃～4℃）潮湿（相对湿度80%～90%）或高温（26℃～35℃）潮湿（相对湿度80%～90%）不如适温（18℃～23℃）潮湿条件下，二型菌丝体的生长发育良好。因此，较长期的低温保藏、二型菌丝体的色泽、金耳子实体的丰满程度都会降低。耐低温，不等于喜低温，耐干燥高温，也不等于喜干燥高温。如果保藏的温度升高(14℃～18℃)再升高到(20℃～26℃),金耳的代谢活性,随着温度的升高再升高,会不断加强。适温条件下(18℃～23℃),虽然有利于金耳子实体和二型菌丝体的正常生长发育,但菌种的菌丝体和子实体又较低温(0℃～4℃)时更易衰退和老化。更由于菌丝体斜面和平板表面,以及代用培养料基质表面有中大型的金耳子实体存在,不能利用类似液状石蜡隔氧保藏法和真空保藏法。

按照以往的菌种选育保藏原理和保藏技术,要设计出适合保藏金耳菌种的理想方法,确实是十分困难的。经过长期的摸索,目前,找出了两种比较适合金耳菌种选育的保藏方法:①适合高层次专业菌种生产单位试用的方法,即金耳有效优良原种的种耳继代复制选优法; ②适合中、低层次金耳栽培单位和金耳新开发地区试用的方法,即低温整体保藏法。两种方法中,又以第一种方法的实用范围和实用效果为最好。

一、有效优良原种的种耳继代复制选优法

1990～1996 年,经过无数次的批量重复验证,证明采用这种方法选育和保存金耳良种,不仅方法简便,扩种及时可靠,实用效果也非常良好,从科学的角度看,打破了以往的传统观念和选育保藏方式。随着金耳大面积生产的不断发展,这种方法就更能广泛地推广和应用。目前,由于金耳的科研和生产暂时还处于“新生事物”阶段,人们因传统习惯的约束,一时还难于接受,所以,先在金耳高层次的专业化菌种生产单位,例如昆明食用菌研究所金耳、资源开发利用研究室试用。由于该单位有系统研究金耳应用生物学的实验基础和长期生产供应金耳有效优良菌种的经验,近 10 年来,结合科研和大面积的制种生产规范,将不断选育获得的有效优良原种,有计划

地、分期分批地继代复制有效优良原种。这样的原种，不仅有效出耳率高，而且耳质优良，个大，形正，色洁白，体质充实饱满，生活力强，菌龄通常保持在1～1.5个月内，最多不超过2个月。经过长期科研验证和测试，特别是经过大面积生产的实际检验证明，这样的原种种耳，种性优良，长期地周而复始，看不出种耳生活力下降。这确实是一种投资少、见效快、周期短、收益大的理想选育保藏法。银耳制种生产有经验的科研、教学和大面积生产单位，可以采用这种方法先行一步，然后广泛推广应用。

(一)种耳继代复制选优法的选育和保存特点

1. 制种原理　采用有效优良的种耳耳块(包括琼脂试管和平板母种、代用培养料菌瓶原种和栽培种的有效优良种耳，但以瓶式原种种耳最为可靠)投耳法选育良种。这种方式方法的制种原理，相当于有性繁殖的生产方式，与所有单一体菌类，采用菌丝体或营养体无性繁殖的生产方式有根本的区别。

有性繁殖，是通过性细胞的结合，遗传性是比较稳定的。就是说，继代复制的有效优良种耳，所获得的许多后代，其优良种性是稳定的，不衰退、不退化、抗逆性强，不容易受各种杂菌的污染。

2. 制种效果　长期以来，经过用这种新的特殊方法，无数代地继代传递，始终保持在相适应的生长发育条件下(不放入冰箱低温保藏，也不干燥贮藏，更不要使正常生长发育的良种处于隔氧的休眠或半休眠状态)，既及时保证了科研和大面积生产的用种需要，又保证了传代的种耳生活力旺盛，不衰退、不死亡，有百利无一害。

金耳人工栽培的老区和新开发区，都可以逐步试行继代复制选育保藏良种，可以肯定，用这样的菌种，既可靠、又实用。新老开发区，只要引用良种数瓶，即能短期内见效益，很快就能应用于段木、代料的中小批量试种和大面积生产，初学者只要经过短期的实地参观和认真的技术培训，就能运用自如。

（二）种耳继代复制选优法的技术要点和关键

1. *制种要点*　要严格根据代料和段木栽培的不同用种目的，分别掌握好制种要点，严格控制好双重菌丝体的搭配比例和制种方式。代料栽培用种，要特别注意选择性培养基的基质和营养类型，生长发育条件都以控制毛韧革菌型菌丝体的旺盛生长和合理搭配为主要目标，使获得二型菌丝体菌种的金耳型菌丝体的比值，一般都比段木栽培的混合型菌丝菌种略高一些。做到这一点，就能保证不断选育和贮藏的良种有效率和出耳率很高。采用良种良法栽培，单批次的出耳率，可以高达100%，品质优良。用继代复制选优法获得的有效优良种耳，经随机取样批量测试，其有效率和出耳率见表7。

表7　继代复制选优育良种的保存率和出耳率比较

（昆明食用菌研究所资源室　1986）

供试菌种及处理方式		总数（瓶）	基物上只长金耳		基物上只长革菌	
			出耳数（瓶）	出耳率（%）	革菌数（瓶）	革菌率（%）
初试有效优良原种的优良种耳转管	大管大斜面种耳纵切1/2接瓶	1460	894	61.0	286	19.5
	大管大斜面菌丝纵切1/2接瓶	1623	340	21.0	584	36.0
	大管种耳带菌丝斜面接瓶	678	498	73.5	84	12.4
	大管种耳带少量斜面菌丝接瓶	446	364	81.6	67	15.0
	大管种耳单独接瓶	1478	1198	81.1	48	3.3

续表 7

供试菌种及处理方式		总数（瓶）	基物上只长金耳		基物上只长革菌	
			出耳数（瓶）	出耳率（%）	革菌数（瓶）	革菌率（%）
继代复制有效优良原种扩瓶	碎耳扩瓶	2850	2715	95.3	48	1.7
	0.5 立方厘米种耳扩瓶	1328	1188	89.5	86	6.5
	1.0 立方厘米种耳扩瓶	4164	4098	98.4	18	0.43
	1.5 立方厘米种耳扩瓶	5869	5788	98.6	28	0.48
	2.0 立方厘米种耳扩瓶	3186	3146	98.7	31	0.97
	碎耳小耳混菌料扩瓶	1138	1114	97.9	18	1.6
	0.5 立方厘米种耳混菌料扩瓶	2611	2492	95.4	26	1.0
	1.0 立方厘米种耳混菌料扩瓶	2186	2099	96.0	24	1.1
	1.5 立方厘米种耳混菌料扩瓶	2144	2109	98.4	18	0.84
	2.0 立方厘米种耳混菌料扩瓶	2103	2044	97.2	41	1.95
	少菌料扩瓶	3146	2896	92.1	178	5.66
	多菌料扩瓶	2763	846	30.6	934	33.8

从表 7 明显看出，凡是以有效优良的种耳为主体，转管扩瓶继代复制选育有效优良原种，都获得较高的有效出耳率和优良的出耳品质，选用种耳耳块 1 立方厘米的投耳法选育大试管、低营养含量的小斜面母种，能有效地控制二型菌丝体中毛韧革菌菌丝体的旺盛生长，使金耳型和毛韧革菌型双重菌丝体的自然搭配趋于合理。继代复制选育有效优良原种，也是以选用种耳的 1 立方厘米耳块随机投耳效果为佳。耳块过大，相对浪费菌种，提高制种成本。虽然采用碎耳小耳扩瓶，有时也能获得较高的有效率或出耳率，但是，一般以投耳大小为 1

立方厘米较为可靠。每一批次获得的有效原种，都要经过认真的种性鉴定和良种挑选。凡是采用投耳法制作菌种，随着耳块周围菌丝体的生长蔓延，位于基质表面的小型耳块，能很快长大成形。扩入的有效优良菌料，于基质表面能较快分化，形成幼耳，并迅速长大成形。菌龄不超过1.5个月的菌种瓶(袋)，都可以视为有效优良原种，挑选出来移至14℃～18℃的低温干培养室内，重点保藏和管理，最好是及时应用于科研和生产。这样的优良菌种，直观特征是：耳块长大迅速，1～1.5个月内，种耳体积可达3.5～4.8厘米×3.8～5.5厘米，耳质好，形正，色洁白，整个子实体充实饱满，菌料菌丝较稀薄，色洁白，均匀度大，掏取菌料容易，不吐黄水，菌料不干缩，无杂菌感染，无明显的拮抗线和拮抗斑。完全具备以上综合特征的菌种瓶(袋)，列为上等良种。不完全具备以上综合特征的菌种瓶(袋)，应以种耳特征为主，菌料特征为辅。

2. 制种关键　大部分综合特征不符合规格的菌种瓶(袋)，在用种需要量大的情况下，可以用作分离复壮母种或原种使用。如果挑选的良种已足够科研和生产使用，可以将不完全符合规格的次等出耳瓶(袋)，及时开瓶(袋)开放式通风透气、保湿培养橙黄色金耳。也可以开瓶(袋)，取白色脑耳或块耳自产自销，既有效利用产品，又充分保证用种的纯度，避免大面积生产造成严重的损失。

经过测试，白色脑耳和块耳，与黄色甚至橙黄色的标准金耳相比，无论在营养成分的种类、含量、耳质和风味等各个方面，都没有明显的差异，只是不开瓣，不转色，形状和颜色不够美观诱人，可作为等外商品在国内外市场上供应，并不影响食、药用价值。白色脑耳和块耳的使用方法，详见段木、代料栽培，金耳加工和深加工，金耳美容化妆品系列和菌类广谱高效培养基制作等各章、节。

（三）有效优良栽培种的选育和保藏

1. 选育保藏的特点和差异性　有效优良栽培种的选育与有效优良母种和原种的选育有所不同，但二者的保藏方式类似。从选育方式、保藏方法以及种性概念上讲，也与所有的单一体菌类，甚至亲缘关系很近的银耳菌都大不相同。单一体菌类，如前面提到的平菇、金针菇、猴头菇和木耳类等，它们从母种过渡到原种，再过渡到栽培种，甚至重新采样分离、更新换代，都是以单纯的菌丝体（即营养体）形态而广为传递或传播。

2. 营养体繁殖　在任何情况下，采用菇、耳的组织或耳木分离培养法，都不会普遍获得瓶（袋）内类似金耳型的中、大型子实体，这是为什么呢？从良种的概念上讲，所有的单一体菌类，无论是观察和鉴定其母种、原种和栽培种的种性优良程度，都是以琼脂类制作的斜面或平板表面的菌丝体（也称为营养体）、代用培养料制作的菌种瓶（袋），基质表面和基内的菌丝体（也称做营养体）的生长发育表征为惟一的依据。这样的菌种统统属于营养体繁殖类型，因此，从母种转瓶制作原种，再过渡到栽培种。有很多菇农为了节省开支，将购买的栽培种再次扩种繁殖。这样一次再次的转管、转瓶、扩瓶、扩袋，不仅说明菌丝菌种的生长发育年龄不断增大或老化，而且，随着转管、转瓶、扩瓶、扩袋次数的增多，菌丝体的生活力，也越趋于下降，抗逆性、抗污染能力越来越弱，种性也越来越差。这样的菌种，很容易造成大面积的污染而报废，即使是不污染，生产力也很低，根本谈不上优质高产。

3. 繁殖体繁殖　金耳菌种却不是这样，由于多年来选育和保藏良种的方式和方法都不同，金耳母种、原种和栽培种的良种化标准，良种概念和种性差别，直观和微观鉴定的综合指标，都与单一体菌类很不相同。例如，从生长发育年龄上讲，以种耳为主体的金耳菌种选育方法，从本质上说，与单一体菌类，单纯采用菌丝体转移，显然不同。菌丝体转移，属菌物类营养体繁殖范围，本质上属无性繁殖，而金耳的子实体转移，却属于繁殖体传代，本质上属于有性繁殖的继代更新。因此，其母种、原种和栽培种，凡属有效优良型的继代良种，本质上并无根本的区别。

严格地说，金耳的有效优良母种、原种和栽培种，其生长发育年龄、良种化标准、良种概念和种性都是近似的，属于良性生长发育循环，即从子实体到子实体的有性发育过程。因此，金耳的有效优良母种也可以视为原种，有效优良原种也可以视为栽培种；反之，也是一样，只是选育的方式和基质营养类型有所不同而已。带根本性的鉴定指标，主要是看种耳的规格和二型菌丝体的自然搭配比例。

4. *有效优良栽培种和有效优良原种的主要区别* 有效优良栽培种的选育和保藏与有效优良原种的选育和保藏方式有些类似，但又有很大差别。由于有效优良的栽培菌种，主要是用于段木栽培（有时，也用于有效优良母种和原种的选育），因此选育的规格与代用料栽培选育用种不同。由于段木的营养物质，多半集中在树皮部位，木质部的边材含营养物质较少，心材部分含营养物质更少。接种的穴位，一般都深入到边材部位，与代料栽培的基质营养类型相比，不仅营养物质的含量较少，而且菌丝体吸收转化的难度也较大。自然条件下的适生耳木，受自然环境的直接影响也很大。因此，金耳型的菌丝体与耳友毛韧革菌的友好相处，也比代料栽培的不利因素多得多。金耳型的单一菌丝体，对坚硬的木材材质，更没有独立分解利用的能力。因此，必须紧紧依靠有效优良栽培种中伴生的毛韧革菌菌丝体作开路先锋，帮助金耳型菌丝体分解粗纤维，把金耳型菌丝体不能吸收利用的大分子营养物质，迅速转化为能够吸收利用的小分子营养物质，为金耳型菌丝体的定植、生长发育创造有利条件。

如果完全按照代料栽培的良种选育方式和基质营养类型制种，革菌型菌丝体的搭配比例较小，生长势也较弱，就难于较好地分解段木的营养物质，不利于金耳型菌丝体定植、生长，其有效出耳率势必降低。

（四）有效优良栽培种的选育要领

1. 菌种来源和选择　每年从野生的段木栽培金耳中，采集优良的、呈大团块状的、未开瓣的特大种耳，进行纯化分离培养，获得第一代的有效优良母种或原种，这样的母种和原种，种性最佳，生活力最强。如果已有的继代复制良种种性一直表现很好，性状十分稳定，也可以直接选育继代复制的有效优良原种。供大面积生产和科研用种需要，应采用基质营养成分氮源含量较高的 PDA 加蛋白胨培养基，制作常规的试管大斜面，接种黄豆粒大小的组织耳块，适当扩大“耳友”毛韧革菌菌丝体的生长量。

2. 代用料的选择　获得有效母种后，用笔者最原始的选育分级方法，即每支 1～3 级的母种，纵切一分为二，取 1/2 斜面带小耳块，接种阔叶木屑为主料的灭菌瓶，用棉塞或牛皮纸封闭瓶口。由于木屑制种，含营养成分比棉籽壳低，又相对限制了“耳友”毛韧革菌菌丝体的旺盛生长，不仅木屑料的经济成本较棉籽壳低，而且，木屑菌料的材性结构，也适合于段木栽培对菌种质量的需要。菌种播种段木，能够获得较高而稳定的出耳率，在获得有效优良原种后，再按照选育有效优良栽培种的制种方法，批量制作有效良种[详见附录：金耳国家级制种技术规范试行方案（草案要点）]。用这样的菌种播种段木，能够获得较高（平均98.6%）而稳定的出耳率（表8）。

表8　用有效优良母种和有效优良原种扩制有效优良栽培种，接种适生段木的出耳率比较　（1987～1989）

树　种	接种数（段）	基物上只长金耳		革菌与金耳伴生		基料上只长革菌	
		出耳数（段）	出耳率（%）	伴生数（段）	伴生率（段）	革菌数（段）	革菌率（段）
黄毛青冈小径级段木	14629	14496	99.0	98	0.67	24	0.16
黄毛青冈大径级段木	17314	16949	97.9	219	1.26	56	0.32
黄刺栎小径级段木	1469	1382	94.1	78	5.30	3	0.20
黄刺栎大径级段木	1844	1783	96.7	41	2.20	13	0.70
麻栎小径级段木	7148	6946	97.2	118	1.65	63	0.88
麻栎大径级段木	8936	8694	97.3	189	2.10	47	0.53

注：西南协作区8个县大面积推广段木栽培的调查结果，少数段木，不长任何菌类的子实体，未计入

二、有效优良菌种的低温整体保藏法

前面重点介绍了金耳有效优良原种的种耳继代复制选优法。虽然这种方法是当前金耳选育和保藏良种的一种最理想的方法，但是，鉴于金耳人工栽培技术目前尚未全面推广，新开发地区，中小批量的生产试种，采用这种方法还不具备生产

规模和技术条件。因此，选用金耳有效优良菌种的低温整体保藏法，比较适宜，待具备生产规模和技术条件后，再采用前面介绍的第一种方法，大批量选育和保藏。

根据1983～1993年的重复验证，低温保藏琼脂斜面试管和三角瓶平板母种，整体保藏代用培养料制作的菌瓶有效优良原种和新鲜、自然风干的金耳子实体，以短期保藏为宜。这种方法只能作为向第一种方法过渡的辅助手段，长期保藏，则保藏时间越长，效果越差。

供试菌种：为1983～1993年的瓶栽金耳和1983～1985年采集的野生和段木栽培金耳。

实验方法：先采用小口径(1.5～2厘米)试管制作常规的琼脂斜面母种，后采用大口径(3厘米)试管和100～150毫升的三角瓶，制作20～30毫升的琼脂培养基小斜面和厚平板母种。小口径试管的分离物，为黄豆粒大小的金耳子实体组织块，大口径试管和三角瓶平板表面的分离物，为1～1.5立方厘米的金耳子实体组织块。为了控制毛韧革菌菌丝体的旺盛生长，在大试管小斜面和三角瓶平板上，适当多投入几个耳块，耳块间隔距离适当，以利于耳块正常生长和取耳转瓶使用。

处理：将在无菌条件下分离好的试管和三角瓶，统一放入25℃恒温箱内培养，一部分放入18℃～23℃±3℃干培养室内培养，作对照处理。待菌丝体长满试管斜面和三角瓶平板时，先按母种的分级标准，进行直观和显微镜鉴定归类。后期已积累了经验，用肉眼直观鉴定即可。属于有效和有效优良的母种试管和三角瓶，再统一放入0℃～4℃低温冰箱内保藏。继代复制的有效优良原种菌瓶和鲜、干的金耳子实体样品，也统一放入0℃～4℃的冰箱内保藏备用。

（一）有效优良母种的保藏及存活力测试 将上述统一保藏在低温冰箱内的金耳有效优良母种斜面和三角瓶平板，每隔30天，随机取出大小试管种各10支，三角瓶平板种各3瓶，在无菌条件下转管、转三角瓶活化菌种，培养基除采用一号PDA加3%麦粒煎汁培养基外，另增补含氮源较高的二号PDA加0.5%蛋白胨培养基相对比，转管、转瓶后，再将两组试管种和两组三角瓶平板母种，统一放入25℃温箱和18℃～23℃±3℃干培养室内培养。直到9月底最后一次测试，虽然各组的菌种成活率仍然高达100%，但是，将以上各组的活化菌种，按常规方法采用阔叶木屑和棉籽壳为主料的代用培养基转接原种、再接栽培种。另用新制备的同类母种接原种和栽培种作对照。菌种出耳率、耳质却有较大的差异（表9）。

表9 不同处理的母种、转接原种的出耳率比较

（昆明食用菌研究所，1983～1985，1988～1992）

处理	处理组			对照组		
	转瓶数（瓶）	出耳数（瓶）	出耳率（%）	转瓶数（瓶）	出耳数（瓶）	出耳率（%）
小口径试管的常规斜面母种	240	18	7.5	234	98	41.8
大口径试管的小斜面种接1立方厘米的2个耳块	360	247	68.6	338	316	93.5
同上处理，接1立方厘米的4个耳块	360	216	60.0	394	347	88.0
同上处理，接1.5立方厘米的3个耳块	284	186	65.5	316	284	89.8

续表 9

处理	处理组			对照组		
	转瓶数（瓶）	出耳数（瓶）	出耳率（%）	转瓶数（瓶）	出耳数（瓶）	出耳率（%）
100 毫升三角瓶，装 20 毫升一号平板，接 1 立方厘米的 4 个耳块	428	386	90.0	347	315	90.8
同上，装 20 毫升二号平板，接 1 立方厘米的 4 个耳块	560	474	84.6	403	366	90.8
150 毫升三角瓶，装 30 毫升一号平板，接 1 立方厘米的 4 个耳块	670	529	78.9	544	530	97.4
同上，装 30 毫升二号平板，接 1 立方厘米的 4 个耳块	864	665	76.9	473	410	86.7

注：表列数字，为 8 次重复验证的总和

从表 9 看出，各处理组，经过 9 个月的 0℃～4℃低温冰箱保藏，测试菌种的成活率，虽然都能达到 100%，但是，经过转瓶制作原种，用新分离制作的母种种耳作对照，处理组的出耳率，普遍都低于对照组。从培养性状上看，处理组的菌丝体色泽、子实体的色泽和丰满程度、耳质和个体大小，都不如对照组优良，室温条件下培养的又较 25℃恒温箱内培养的综合性状较好。在 0℃～4℃冰箱内保藏 9 个月的耳块母种，在含氮源较高的二号培养基上活化，获得的第一代耳块母种，再经过 5～8 次的转管传代，分别保藏在同样的低温冰箱内；1 年后转管接原种瓶，菌丝体生长十分细弱而缓慢，很容易受各种霉菌污染报废。而正常生长发育的继代复制母种转接原种，经无数次的转接传代，种性基本正常。这充分说明，采用低温整体保藏金耳母种，保藏期不宜太长，以不超过半年为宜(表10)。

表 10 不同处理的母种、转接原种、再扩接栽培种的有效出耳率比较 (昆明食用菌研究所，1983～1985，1988～1992)

处理	处理组			对照组		
	扩瓶数(瓶)	有效数(瓶)	有效率(%)	扩瓶数(瓶)	有效数(瓶)	有效率(%)
小口径试管的常规斜面母种	60	全部污染	—	96	47	48.9
大口径试管的小斜面种接1立方厘米的2个耳块	78	11	14.1	88	74	84.0
同上处理，接1立方厘米的4个耳块	84	8	9.5	63	58	92.0
同上处理，接1.5立方厘米的3个耳块	94	18	19.1	96	82	85.4
100毫升三角瓶，装20毫升一号平板，接1立方厘米的4个耳块	142	26	18.3	98	87	88.8
同上，装20毫升二号平板，接1立方厘米的4个耳块	114	34	29.8	76	68	89.5
150毫升三角瓶，装30毫升一号平板，接1立方厘米的4个耳块	204	47	23.0	84	73	87.0
同上，装30毫升二号平板，接1立方厘米的4个耳块	366	28	7.6	98	84	86.7

注：处理组的有效数，除小口径试管的常规斜面母种、转扩原种、再扩栽培种的培养瓶全部污染报废外，其余的各项处理，除少数有效出小耳外，大部分都污染报废，少部分虽未污染也不出耳，属于无效菌种，均未记入

从表10明显看出，处理组由于菌种生活力很弱，除少数菌瓶勉强形成有效菌种外，大部分都经受不住各种霉菌的感

染，污染报废，勉强形成有效菌种的菌瓶也没有实用价值，而对照组却获得了较高的有效率和出耳率。这进一步说明，低温整体保藏的耳块母种，保藏期不宜太长。一般来说，随着保藏期的延长，菌种生活力逐渐下降，最后明显下降。

(二)有效优良原种或继代复制有效优良原种的存活力测试 有效优良原种的确切含义，应称为继代复制的有效优良原种，这样更为准确和科学。

1. 测试日期　自1985年3月24日起计时，经历了一个漫长的过程，直至1990年10月28日止。

2. 测试方法　通常结合科研和生产供应菌种工作进行。将每一批次的继代复制有效优良原种，随机抽样40瓶，分期分批地统一保藏在0℃～4℃低温冰箱内，注明菌种来源，培养基组分和入箱保藏日期。每隔30天，将各批次的样品，各抽样2瓶，用投耳法转接到以阔叶木屑和棉籽壳为主料的4组培养基上。培养基组分如下：

组一，黄毛青冈木屑78%，麸皮20%，白糖0.5%，石膏粉0.5%，尿素0.5%，磷酸二氢钾0.3%，硫酸镁0.2%，料水比为1∶1.3，pH值自然。

组二，水冬瓜木屑78%，麸皮或米糠20%，白糖1%，石膏粉1%，料水比为1∶1.3，pH值自然。

组三，棉籽壳78%，各种农副产品下脚碎料和糠类15%，麸皮5%，白糖1%，石膏粉1%，料水比为1∶1.2，pH值自然。

组四，阔叶杂木屑50.3%，棉籽壳28%，麸皮20%，白糖1%，磷酸二氢钾0.5%，硫酸镁0.2%，料水比为1∶1.2，pH值自然。

3. 注意要点　一是供测试用的各种主料和辅料，来源必须十分清楚。混杂有各种含有害物质的木屑，例如，松、柏、楠、桉等杂木屑的代用料不能使用。发霉变质的木屑、棉籽壳和各种农副产品下脚料也不能使用。棉籽壳含棉纤维，特别是壳碗部分，吸水性差，易隐藏杂菌孢子，使用前，要先用10%生石灰水浸泡过夜。用时先滤水，用手搓揉，促使棉籽壳充分湿润，再与其他主料和辅料混拌均匀。调水量要严格掌握，用料来源不够清楚的，用前要经过日光充分暴晒，灭菌必须彻底，避免潜伏性污染源，干扰测试结果。

二是制备代用培养料的菌种瓶，要按常规的科学方法调制，注意装料的松紧度和调水量；制备原种菌瓶，以装料压紧后半瓶量为宜，这样有利于基面中大型子实体的充分伸展，也便于观察和取用种耳。封瓶口，采用1层牛皮纸或2层新报纸，外加盖1层塑料薄膜，增加菌瓶内部的保水性。因长时间保藏的菌种、菌料和子实体容易失水干缩。

三是代用培养料的空白菌种瓶，经过彻底灭菌后，待瓶壁温度降低，稍有余热即可接种。统一采用耳块投耳法投耳于基质表面中心部位。接种后，及时贴标签，注明菌种保藏期，培养基组分，置20℃～24℃±2℃干培养室内遮光培养，定期检查菌种生长发育状况。1～1.5个月内，统计继代复制的菌种存活力、出耳数、出耳率、耳质和种性评价。

4. 测试结果　经过5年共58 463瓶的测试结果，采用低温0℃～4℃冰箱保藏继代复制的有效优良原种贮藏半年后，菌种的存活力和有效出耳率保持在88.9%～94.6%(按每瓶保藏原种分别用上列4组培养基的扩种菌瓶总和统计)，生长发育均属正常，耳质与对照组无明显差别。半年后，有效出耳率、耳质逐渐下降。保藏1年后，菌种存活率，较未经保藏的有效优良原种已明显下降，存活率和有效出耳率从14个月的

35.8%～43.2%降低到16个月的14.6%，出现菌种瓶大批量的污染。1988～1990年，结合科研和生产用种，采用同样方法和同样来源的原种，又经过6次的重复测试和验证，与前5年的实验结果基本一致。这充分说明，采用0℃～4℃低温冰箱保藏继代复制的有效优良原种，保藏期限也不能超过半年。

（三）野生金耳子实体的保藏及存活力测试 1983年8月14日，将采自野生的成熟金耳新鲜子实体，经自然风干后，保藏在0℃～4℃的低温冰箱内。于翌年1～5月份，每隔30天取样，用随机取样法分离培养母种。母种培养基，仍采用上述两组琼脂的组合培养基，经测试，野生金耳新鲜子实体的存活率，随保藏期延长而下降（表11）。

表11 野生金耳子实体的存活率测试

（昆明食用菌研究所，1983）

存活率测试	存放时间（天）				
	30	60	90	120	150
分离培养试管数（管）	128	239	175	287	130
菌种存活数（管）	25	59	11	37	11
菌种存活率（%）	19.5	20.1	14.6	12.8	8.4

（四）段木、代料栽培金耳子实体的保藏及存活率测试

1984～1986年10月份，每年定期采集室内、外段木栽培和室内代料栽培正常生长发育的金耳成熟子实体，经自然风干后，统一保藏在0℃～4℃冰箱内，于翌年10月份取样。用内部组织分离法分离母种，段木栽培，共采集样耳184朵。分离纯化小口径试管常规母种1 104支，只存活27支，绝大部分受杂菌污染报废，未受污染的母种，生活力也十分衰弱，毫无利用价值。代料栽培共采集样耳184朵，采用同样方法分离培养母种2 466支，只存活 34 支，死亡率和污染率更高。这说明采用成熟的金耳子实体，按常规方法分离制作小口径、大斜面、黄豆粒大小的分离物母种，成品率和有效率都极低，在科研和生产上，没有实用价值。

1988～1990 年，改用野外段木栽培出特大耳块而未开瓣、未成熟的肥大子实体，作分种样耳。这样的种耳内部组织充实饱满，采用内部组织随机取样法，取 1 立方厘米大耳块的投耳法，制作 3 厘米大口径试管和 100～150 毫升的三角瓶平板，仿照继代复制有效和有效优良的母种选育法和保藏法，实用效果显著提高。成品率和有效出耳率、耳质、种性都大大超过按常规法，即采用成熟的金耳子实体，制作 1.5～2 厘米小口径、大斜面、黄豆粒大小的分离物母种，污染率几乎接近于零。保藏菌种期和保藏耳块母种转接原种的成活率和出耳率，都与用继代复制有效优良的耳块母种近似。

采用这种方法选育和保藏母种，又为金耳的选育制种开拓了一条广阔的新路。野外段木栽培金耳，由于所处的生态环境与野生金耳相近，甚至完全相同。在野生环境中，野生金耳资源少得可怜，个体小，品质差，要想选育和保藏类似段木人工栽培能普遍获得的特大型、团块状、未成熟、未开瓣的肥大子实体作为分离制种的样耳，是十分困难的，甚至是不可能的。有了这条新路，就可以随时甚至随地随心所欲地选育有效优良种耳，制作有效优良的金耳母种、原种和栽培种，为新老开发区，创造了既方便又可靠的选育试材和工作条件。如果再过渡到前面的第一种更为理想的途径，即金耳有效优良原种的种耳继代复制选优法，那么，金耳人工栽培新技术就可以随时甚至随地运用自如了。

第三节　无效劣质菌种的鉴别和防除

无效劣质菌种的鉴别和防除，是金耳人工栽培特别是初学者和新开发地区的首要问题和成败的技术关键，对此问题前面已有综述。为了便于系统地学习和应用，下面再简要归纳说明。

其一，用图表的对比形式，使读者有一个明显的感性认识[参看附录金耳 Tremella aurantialba Bandoni & Zang. Sp. nor. 国家级制种技术规范试行方案（草案要点）]。采用无效劣质菌种播种栽培，出耳率很低，极个别的出耳耳质低下，通常完全不能出耳，全部长满毛韧革菌的子实体而徒劳无益。形成无效劣质菌种的原因：一是采用常规方法，制作小口径（1.5厘米）的试管，制作含氮源较高的琼脂培养基斜面、接种物为耳木组织或金耳子实体黄豆粒大小的组织。二是采用无效原种和栽培种的多菌料扩制原种或栽培种。扩种后的试管种和菌瓶、菌袋菌种，菌丝体自始至终生长发育得十分浓密而旺盛。

其二，习惯于制作单一体菌类的工作者，常常将无效劣质菌种误认为菌种生长发育十分良好，这实际上是一个很大的误会。这种菌丝体生长发育十分浓密而旺盛的菌种，到了培育后期，基质表面的菌丝体菌料，也发展得十分浓厚而坚固；呈淡黄褐色至黄褐色，气生菌丝体爬壁力强，普遍聚积分化，形成毛韧革菌的多型子实体。瓶壁上也逐渐形成1层菌膜或菌皮。这样的菌种，菌料十分坚固，取种掏种都感到十分困难，这是典型的无效劣质菌种的主要特征，完全不能用作代料和段木栽培使用。

其三，如果采用基质营养含量（特别是氮源含量）较高的组合培养基、代用料培养基制种、栽培，培养的温度也高于金耳型菌丝体生长适宜的温度（超过 25℃）。这样的生长发育条件十分有利于革菌型菌丝体的旺盛生长发育，使原来属于有效能出耳的金耳菌种，过渡为混杂型菌丝中，革菌型菌丝体迅速占绝对优势，培养性状从原来的二型菌丝体较稀薄、松软迅速转变为菌丝体十分浓密而坚固。投入的金耳耳块长时间不见长大，或者投入的耳块表面被 1 层浓厚的革菌型菌丝体包围。有的则形成畸形耳或烂耳。这样的菌种也是无效劣质菌种，完全不能使用。

其四，如果扩制栽培种的原种种耳不良，或者菌龄过大，有效菌料的菌丝体生长发育衰退或老化，或者低温保藏期较长，种性变劣，或者基质营养不适宜二型菌丝体的正常生长发育，或者在较高温度下培养出耳，或者在人工控制的不良条件下，多批次长期制种传代。总之，在各种不良的生长发育条件下制种、栽培或保藏，都会使原来优良的种耳种性迅速变劣。扩制的原种和栽培种，菌料菌丝十分稀薄，或者浓密、稀薄不均，基质表面的菌丝体也过于疏松、细弱，瓶壁上出现大小的拮抗斑或细菌污染斑，菌龄老化、瓶壁和基质表面大量吐黄水，菌种有特殊的怪味。这样的菌种统统属于劣质菌种，完全不能使用。如果勉强使用，必然造成巨大的人力、物力、财力的浪费和损失，是绝对要防止的。

第四节　段木人工栽培

1982 年 3～12 月份，笔者主持云南省金耳野生资源考察和开发利用研究，从产区调查入手，明确了野生金耳的生长发育条件、产地和分布、国内外研究概况、生态学和生物学特性，为人工引种驯化、特别是批量人工栽培，奠定了较坚实的实验基础。同年10月份，首先在金耳主产区丽江林区，进行引种驯化和人工栽培小试。随后在昆明食用菌研究所进行了相当于中试批量的段木、代料人工栽培。1983年1月16日，在正式通过野生资源考察省级科技成果鉴定和开发利用技术论证的同时，划时代的第一朵金耳子实体诞生了。用人工驯化获得的第一朵金耳子实体，继续采用随机取样的组织分离培养法，扩制58支试管母种，转接98瓶原种，于同年3月26日又获得了第一批21瓶出耳的子实体。初步看出，用最佳黄毛青冈木屑料，封闭式人工培养的金耳子实体，不转色或不能完全转色，经开瓶通风、保湿培养后，也不能全面转色。但是，打破了金耳人工驯化栽培很难成功的神秘感，树立了人工栽培必定成功的信心。

1984年6月18日，昆明食用菌研究所金耳段木栽培湿培养室，又出现第一批鲜橙黄色的金耳子实体，随着时间的推移，段木上的金耳越出越多，越长越大，参观者也越来越多。这种喜人的场面，是食用菌所少有的。1984年8月16日，正式通过了金耳引种驯化和人工栽培的省级科技成果鉴定。《云南日报》头版刊登了金耳引种驯化批量人工栽培首次获得成功的重大科技新闻，接着，省内外、国内外一些著名科学家、科技工作者来函、来电祝贺，并给予充分的肯定。省内外电视台录像，进行传真报道。笔者首次提出了对金耳及近邻种群命名问题的商榷和发展金耳人工种植的订正结论。在成果鉴定会上，科学家们认为，金耳引种驯化和人工栽培，取得了重大的突破，栽培成果显著，栽培工艺成熟，应尽快在省内外大面积推广应用，把科技成果迅速转化为生产力。笔者首次提出的金耳大面积推广和高产栽培的实验论证方案，获得云南省科委和全体与会专家的一致通过。

1984年10月份起，为了在省内外大面积推广金耳的人工栽培技术，分期分批培训技术骨干，并公开转让技术成果。自1985年起，段木批量栽培的技术工艺，已大面积应用于生产。截至1999年3月份，云南省和其他有适生栎木资源的地区，凡采用笔者主持并正式通过技术鉴定的制种和栽培技术工艺的地区、单位和个体菇(耳)农户，绝大部分都获得了成功。贫困山区很多贫困农户都喜获丰收，当年脱贫致富。

据1989年不完全的统计，直接的经济效益，已达数百万元以上。1993年，部分地区已突破数亿元。耳农们普遍反映，金耳段木栽培的技术工艺，方法简便，容易掌握，只要认真做到良种良法，年年都能获得高产稳产。出耳率高达98%～100%，每根段木长1.2～1.5米，粗10厘米左右，出耳多达54～68朵，最大的子实体鲜重高达960～1 056克，直径18.9～24.6厘米。段木栽培的金耳，无论在品质和产量方面，都大大优于野生金耳。耳农们自豪地说，只要金耳的销路有保证，销价合理，国内外市场上需要多少金耳，我们都能够生产出来，而且保证品质优良。他们希望食用菌加工部门，能为打开金耳的市场销路作出应有的贡献，为贫困山区人民造福。

各地的调查结果表明，在目前的栽培管理水平基础上，段木采用良种良法栽培金耳，一般可以连续出耳2～3年。出过耳的段木，还可以用作薪材，比过去直接砍树烧火，大大提高了木材的利用率。群众长期的生产实践证明，各地区特别是云南省栎木资源十分丰富，属于山毛榉科(壳斗科)的树种资源量很大，全国各地也有同类树种分布。近年来，各地群众不仅采用适生的栎木获得金耳高产稳产，而且大力引种种植适生栎木林，为在新开发区，发展金耳人工种植，开辟了新的途径。

有的耳农根据就地取材，应用野生条件下将不能生长金耳的树种，试种金耳也取得了成功。有的耳农采用桉树、水冬瓜树、柳树人工栽培金耳也获得成功，虽然桉树段木含有对菌类有毒的物质，生长的金耳品质较差，朵型较小，但从中受到了一些启示。

多年来，各地群众根据因地制宜的原则，在笔者系统总结多年实践经验的基础上，进一步开拓新的途径。金耳主产区的广大耳农，从生产实践中，摸索出一些新的合乎科学种植的经验，例如，将适生栎木树种现砍伐、现断枝截干、现播种，这样的段木含水量比较充足，木材组织逐渐趋于死亡，有利于金耳菌丝体的恢复和定植，实行合乎金耳段木栽培技术规范的管理措施，大面积段木栽培金耳，是比较容易成功的。自金耳有效优良母种的分离培养、筛选、纯化，获得金耳型和毛韧革菌型双重菌丝体的有效原种和栽培种，再过渡到采用有效率高、毛韧革菌型菌丝体生活力相对较代料栽培用种稍强的段木栽培种，对适生段木，趁低温季节适期早播。以云南省滇中楚雄州至滇西北丽江、维西一线为例，秋季制作菌种，滇中一带，冬季至翌年春季，当月平均气温稳定在 10℃～13℃时，即开始砍树、播种、发菌。虽然低温发菌较缓慢，但开放式播种，污染率极低，成活定植率高。随着气温逐渐升高，菌丝体经过 3 个月左右即可正常分化出耳。适期早播，不误农时，早播种的段木，早发菌、早出耳，相对拉长当年的出耳期，增加单位面积产量。6～9 月份，当月均气温达 17℃～26℃，接种的段木进入出耳盛期。凡是采用良种良法，精心管理的种植单位和个体农户，特别是采用室内发菌，室外塑料大棚遮荫培育，更能提早播种和出耳。滇西北一带，有条件的种植单位和耳农，采用室内或室外塑料大棚，保温、增温发菌，也能早播种、早发菌，较自然气温条件下，能显著提早出耳。与同等条件下段木栽培木耳、香菇类食用菌比较，金耳自播种到出耳，只需要2.5～3个月，木耳则需要半年，香菇更需要半年到1年。而达到出耳（菇）高峰的时间，金耳只需要4～5个月，而木耳、香菇均在1年以后。可见，金耳段木栽培，是一项投资少、见效快、收益大的致富门路。根据金耳主产区大面积栽培的技术经验总结和省、地、州、县级技术鉴定的结果，将金耳段木大面积栽培的技术规范列举如下。

一、栽培场地的选择和耳房棚的设置

段木栽培金耳，首先要认真选择适宜金耳生长发育的栽培场地。场地选择的好坏，直接关系到栽培的成败。山区耳农，要因地制宜地利用林区的自然生态条件，选择靠近住宅、水源方便、地势平缓向阳、类似于野生金耳产量较高的生长环境，实行林间种植。实践证明，凡是按照笔者在技术培训中所提供的多项生态因素选择和设置林间耳场的种植户，都普遍反映获得了高产稳产，并大大节省了人力、物力、财力。

坝区耳农，由于没有森林生态的自然环境，直接受大自然环境的恶劣影响，以选择向阳、背风、地势略高、排水良好、水源方便、环境清洁卫生、搬运和管理方便的空旷地修建耳房棚为宜。有经济实力的栽培单位和耳农，以修建永久性的砖瓦房或石棉瓦结构的平房为好。房屋坐北向南，南北两面设通风换气窗，南面设门。结构以钢铁、塑钢结构为好，没有条件的栽培单位和耳农，可以设置简易结构的遮荫棚，利用生长快速、遮荫度大的藤本植物，例如葡萄、瓜果类和各种冬夏长青的藤本类花木搭盖耳棚。也可以利用住宅附近有一定遮荫的绿化树木、建筑物、荫棚、房前屋后和庭院内外的高秆类草本植物，进行小面积的零星栽培。如果没有必要的遮荫条件，直接在空旷地和裸露地上种植金耳，段木直接暴露在直射阳光下，空气相对湿度十分干燥，段木的含水量大量蒸发，保水率低，金耳子实体和菌丝体，正常生长发育所必须的生态因素很难满足和控制，出耳率肯定很低，甚至完全不能出耳。

修建各种结构的耳房棚，周围都要提前开好排水沟，耳房棚内外，经常工作的场地以修建水泥地为好。其次是用砂石和砖块垫地。泥土地，特别是粘土地做栽培场地，行动和工作都不方便。耳房棚要特别注意远离牲畜圈、厕所、粪塘(堆)和垃圾堆，以免杂菌传播，污染水源和耳木。在有条件的情况下，栽培场地，最好实行"两场制"，即金耳播种前后的耳木堆积场、发菌场和出耳场。"两场"不宜距离太远，也不宜太近。由于段木处于发菌期和出耳期对环境条件的要求有所不同，为了便于管理和减少病虫危害，故两种场地要有一定的间隔距离。两种场地，可以采用 3 种不同的管理规范：一种是室内发菌、室内出耳；一种是室内发菌、室外荫棚内或有一定郁闭度的林地上出耳；一种是林间种植，先在有一定郁闭度和树木疏密度的缓坡地上发菌，就地排场出耳，或适当间隔两种场地出耳。各种规范，各地可以因地制宜地选择。

(一)利用林区的自然生态条件，实行林间种植　山区菇、耳农户利用林区的自然生态条件，因地制宜地选择靠近住宅、山泉，水源方便，地势较平缓的向阳山坡种植菇耳类食用菌。这是一种比较理想的生产经营方式。根据云南省金耳野生资源调查的科学依据，设计下列栽培耳场的选择利用模式，是种植金耳取得成功的可靠保证。

1. 栽培耳场林分郁闭度和疏密度的最佳选择　耳场林分郁闭度和疏密度，是利用自然条件遮荫保湿的最佳方式。与人工建筑荫棚相比，不仅大大节省了建筑用材的巨额投资，更重要的是，森林生态的综合因素，更是适宜金耳正常生长发育的最佳环境（如通风透光度、透气度、郁闭度以及小气候的环境温度、湿度等）。不仅上层林木对林下的空气相对湿度，直接起到良好的遮荫、保水作用，而且下层林木，特别是灌木丛和地被物，更对降水和土壤湿度起到缓解和调节的作用，使降水不能迅速蒸发，也不会成为地表径流而流失，使林内空气得到净化和湿润。人口稀少的林区与人口稠密的坝区、市区比较，不仅空气新鲜，而且各种杂菌的含量大大减少。这些都十分有利于耳木的开放式接种、发菌和定植，更有利于金耳子实体和菌丝体的良好生长发育。地处林区，段木的取材、选择和管理都很方便，又显著减少了各种不利因素，例如人群、牲畜、车马、家禽的不良影响。各种食、药用菌都喜欢生长在适宜的、有适当郁闭度的森林环境中，其道理就在于此。那么，金耳的最佳郁闭度和疏密度究竟是多大呢？

根据金耳主产区选择 74 块标准地和 164 株标准段木的详细调查，最适宜于金耳生长发育的林分郁闭度和疏密度为 0.3～0.6，能够适应的范围为 0.0～0.8（表 12）。

表 12　林分郁闭度和疏密度与金耳生长发育的关系

（丽江林区，1982 年 6～9 月）

郁闭度和疏密度	调查面积（平方米）	标准木（株）	金耳	
			自然生长量	品质（等级）
0	500	1	12/0.3～2.8	丙
0.1 以下	1286	13	18/0.3～2.8	丙～乙
0.1～0.2	2900	22	49/0.5～7.0	丙～（甲）
0.3～0.4	8710	34	305/0.5～6.5	（丙）～（甲）

续表 12

郁闭度和疏密度	调查面积（平方米）	标准木（株）	金耳	
			自然生长量	品质（等级）
0.5～0.6	7830	49	108/1.0～8.8	（丙）～（甲）
0.7～0.8	6410	5	12/0.8～1.8	丙

注：自然生长量：（朵）/直径（厘米）；（　）内表示数量较少

当林分郁闭度和疏密度为 0.3～0.6 时，林地上具有一定的花花阳光，用温度、湿度、光度仪实测，温幅为 17℃～26℃，相对湿度为 68%～96%，光照度为 860～2 466 勒（晴天和阴雨天的平均换算值）。自然生态小环境适于金耳子实体的正常生长发育，金耳产量较高，品质优良。在裸露的向阳坡地，火烧迹地，林间空旷地上残留的黄毛青冈段木和林地上堆积的枯枝、枯干荫蔽部位，在雨季虽然也能生长极少量的小型金耳，但在旱季或少雨季节，金耳子实体长期处于生长停滞状态，体质十分坚硬，颜色呈深橙色到橘红色，虽然没有丧失生命力，但金耳产量很低。相反，在郁闭度和疏密度≤0.7～0.8 的林分内，偶尔也能见到极少量的金耳生长。由于林地过度阴湿，相对湿度高达 88%～100%，小气候温度为 8℃～18℃，光照度在 160 勒以下，林地上长期积水，金耳子实体的体质十分柔弱，含水量很高，颜色呈淡黄白色。虽然林内温度较低，但也容易腐烂变质。林地郁闭度、疏密度对林地生态环境（温度、湿度、光照度）影响的确定，对段木、代料栽培的设置都有重要的指导意义。

2. 耳场海拔高度的最佳选择　海拔高度不仅影响着金耳适生树木的正常生长，也影响着金耳的生长适应范围。对主产区的调查表明，各种适生树种的垂直分布范围，与金耳的垂直分布范围趋于一致。这表明只要有适生树种和金耳相适应的生长发育条件存在，都能见到金耳子实体的自然生长。在云南林区，金耳耳场选择的最佳海拔高度为2 200～2 600米（表13）。

表13　海拔高度与金耳生长发育的关系

（丽江、维西林区，1982年6～9月）

海拔高度（米）	调查面积（平方米）	标　准（株）	金　耳	
			生长量	品质（等级）
1800～2000	600	0	2/0.1～0.6	丙
2000～2200	1450	21	18/0.3～6.8	丙～（甲）
2200～2400	11270	28	206/0.5～11.8	丙～（甲）
2400～2600	8190	26	102/0.5～9.8	丙～（甲）
2600～2800	1510	18	84/0.3～6.8	丙～乙
2800～3000	850	4	12/0.4～4.5	丙～（乙）
3000～3200	1260	2	4/0.3～2.4	丙
3200～3700	400	0		

注：生长量：朵/直径（厘米）；（　）内表示数量较少

从云南主产区的调查结果看出，最佳适生树种黄毛青冈的垂直分布，最低海拔高度为1 460米，大量分布范围为2 200～2 600米，最高海拔高度为3 160～3 394米，在海拔2 000米范围内，年均气温在14.4℃左右。金耳生长初期（5～6月份）的平均气温为19.3℃～20.2℃，生长盛期（8～9月份）的平均气温为15℃左右。靠近主产区金沙江和澜沧江的河谷地带，虽然月均气温较高，但年降水量在800毫米以下，构成高温少雨的气候特点，故金耳产量低、品质差。在海拔2 200～

2600米范围内，金耳生长初期的月均气温为18.4℃～15.6℃，盛产期为17.7℃～15.5℃，生长末期为11.2℃～8.8℃。气温虽然较低海拔区低，但年降水量在950毫米左右，温、湿度比较适中，金耳产量较高，品质较好。随着海拔高度继续增高，在2800～3800米内，年均气温由9.2℃下降为2.8℃，虽然年降水量达1000毫米左右，但因高山气候寒冷，不适于适生最佳树种的生长发育，适生的栎木资源量明显下降，也不适于金耳的生长发育。海拔高低直接影响着温、湿度等环境因素的变化。林区耳场的选择，必须以自然条件下的温、湿度最适于金耳子实体和菌丝体正常生长发育为最佳选择，离开这个前提，势必使金耳段木栽培明显减产，甚至归于失败。这与室内段木栽培不同。室内段木栽培，可以不受大自然环境的严格限制，在一定程度上，人工可以控制金耳的生长发育条件，促使金耳能够正常地生长发育，不受自然海拔高度和综合因素的强烈影响。

笔者1985～1989年在华北协作区、山东省高青县，大面积推广金耳代料栽培技术，使人为控制下的生态环境，适合于金耳正常生长发育的需要。而当地的海拔高度只有11米，这是研究自然和控制自然的结果，与林区选择最佳海拔高度，不能混为一谈。

3. 栽培耳场坡度和坡向的最佳选择　坡向不同，受阳光照射的强度、昼夜温差、林地空气和土壤的相对湿度也不同。坡度大小也影响降水的地表流量和水土流失量，间接影响植被类型和菌类组成等生物群落结构（包括金耳的产量和品质）。向阳的西南、东南和南坡较半阴半阳的西北、东北坡和阴暗的北坡，有较明显的差别（表14）。

表 14 坡向与金耳生长发育的关系

（丽江林区，1982 年 6～9 月）

坡向	调查面积（平方米）	标准木（株）	生长量［（朵）/直径（厘米）］	品质（等级）
东偏北	360	2	12/0.8～2.5	丙～（乙）
东偏南	966	32	109/0.5～8.0	（丙）～（甲）
正东	3450	13	39/0.5～5.6	丙～甲
西偏南	5480	20	164/0.5～6.6	丙～（甲）
西偏北	6130	21	201/0.3～4.0	丙～乙
正西	2700	16	46/0.6～11.0	（丙）～甲
南偏西	1200	14	64/4.5～5.2	乙～甲
北偏西	855	7	8/0.5～1.6	丙
正南	360	6	42/0.5～4.0	丙～乙
正北	300	2	6/0.3～1.2	丙

注：表中（ ）内表示数量较少

从表 14 明显看出，阳坡较阴坡和半阴坡金耳的产量高，品质好，为栽培耳场的最佳选择；阴坡光照不足，温度较低，湿度较大，金耳生长缓慢，体质柔弱，含水量高，易变质腐烂，不宜选作栽培耳场。

4. 耳场生态类型的最佳选择　耳场的生态类型，是金耳立地条件的综合指标。根据对云南 42 块标准样地的综合调查结果，段木栽培金耳的林间耳场，以西南缓坡微沟谷的栎、松混交林为最佳选择；其次是正西向缓坡的黄毛青冈纯林和西南陡坡深沟谷的栎属混交林（表 15）。

表 15　立地生态类型与金耳生长发育的关系

（丽江林区，1992 年 6～9 月）

样地类型	类型号	林木组成	标准木（株）	生长量	品质
西南陡坡松、栎混交林	1	8 松(80) 2 黄毛青冈(100) ＋高山栲(50)	4	7/0.3～108	丙
西南缓坡微沟谷栎、松混交林	2	8 黄毛青冈(90) 2 松(70) ＋水冬瓜(25)	27	128/0.8～9.6	(丙)～(甲)
西南陡坡深沟谷栎属混交林	3	5 黄毛青冈(90) 2 多穗石栎(80) 2 青冈(80)1 水冬瓜(60)	14	24/0.6～6.8	丙～(甲)
正西缓坡黄毛青冈纯林	4	10 黄毛青冈(90) ＋松(60)	34	69/1.5～5.8	(丙)～(甲)
东南陡坡云南松纯林	5	9 松(90)＋ 1 黄毛青冈(120)	3	5/0.6～2.9	丙
南西缓坡黄栎丛萌幼林	6	10 黄毛青冈(30)	2	3/0.2～1.2	丙
西南陡坡裸露栎属老采伐迹地	7	栎属 2～5 年生幼苗	1	6/0.2～0.3	丙
西北陡坡松、栎火烧迹地	8	2 黄毛青冈 1 松(80)疏林地	6	16/0.1～2.5	丙
西北缓坡栎属混交林	9	3 多穗石栎(15) 1 高山栲(14) 1 黄毛青冈(24)	1	2/0.3～0.8	丙

注：本表为相同和近似样地类型的统计结果

生长量：(朵)/直径(厘米)；(　)内数字为代表树种的平均年龄

品质：等级，(　)内表示数量较少

以相同和近似类型归类，综合说明如下：

类型 1、5，优势树种为云南松，其次为黄毛青冈。地位级Ⅲ级，地处向阳陡坡地带，坡度 63°～72°，海拔2 460～2 780米，土层瘠薄，下木和地被覆盖率低，郁闭度和疏密度 0.2～(0.3)。晴天光照强，雨天地表径流大。林地小气候温度较高，变幅较大(16℃～39℃)。空气相对湿度为 14%～98%，变化也很大(晴天和阴雨天的干湿差)。虽然林地上被强度砍伐的适生黄毛青冈卧木、伐桩较多，但由于生态环境不适于金耳的正常生长发育，金耳产量低，品质差。

类型 2、3、4，位于开阔的平缓沟谷地和狭窄的沟谷向阳陡坡一侧，坡度 13°～22°，62°～74°，海拔2 280～2 660米，土层较厚，土质肥沃。优势树种为黄毛青冈，郁闭度和疏密度(0.3)～0.4～(0.5)。林地上适期砍伐的黄毛青冈卧木、段木较多。林地小气候温度 17℃～24℃，相对湿度 76%～98%(晴天和阴雨天的实测换算值)。生态环境对金耳的生长发育适宜，金耳产量高、品质好。

类型 7、8，位于裸露的向阳陡坡一侧，坡度 56°～72°。海拔2 470～2 860米，土层瘠薄，植被稀少。适期砍伐的黄毛青冈大径木和小径木枯枝、枯干，由于长期风吹日晒和雨淋，大部或局部树皮干枯脱落，在背阴部位的树皮缝穴中，挤出少量小型的金耳子实体。贴子实体部位测试，空气的相对湿度，晴天为 8%～14%，子实体的局部积温高达 46℃。阴雨天相对湿度为 88.4%～100%。旱季的长期高温，子实体处于停滞不生长状态，色深质硬。雨季空气湿润时，子实体回软膨大，只能恢复极少量的生长。

类型 6、9，位于向阳缓坡坡腹一侧，坡度 13°～18°。虽然生态条件适于金耳子实体的生长发育，但幼林的黄毛青冈适生树种生长旺盛，不适于金耳二型菌丝体的生长定植。

（二）城镇、农村空旷区，耳房（棚）的设置 有条件的专业生产单位，应设置菌种生产的干培养室和出耳用的湿培养室各一至数间（视生产规模酌定）。金耳的菌种生产，与单一体菌类（平菇、香菇、木耳等）纯菌丝体的菌种生产也有所不同。纯菌丝体菌种，只培养菌丝体，因此，干培养室要求有冬暖夏凉的保温防湿设置，使室内温度尽可能不受外界气温的影响。除外层的砖层结构外，内层设隔温层，以隔温材料填充于内板壁中。这样的结构，室温相对比较稳定，冬季和夏季的室温变幅不会很大。此外，要求有暗散射光，甚至完全黑暗的条件。也要求有适当的通风换气门窗和照明用的电灯，便于菌种的检查和管理。金耳菌种的生产培养，除具备以上纯菌丝体菌种的一般设施外，还要求有调节光照度的黑布窗帘和调节通风透气度的设施，以改善基质表面，中大型子实体正常生长发育对光照度和通风透气度的要求。东北、西北及华北北部地区，由于寒冷季节时间较长，为了提高室内温度，建设地下式培养室更能保证干培养室冬暖夏凉，昼夜温差变幅较小。但地下式干培养室的通风透气度自然调节差，更需要安装通风透气设备（通风机、抽气机等）。有地下室、地下防空洞或类似地下建筑的单位，可以按上述要求，适当改造使用。华北以南地区，可以建筑半地下式的干培养室。所谓干培养室，是指培养菌种不需要喷水保湿条件，这与培养出耳用的湿培养室有根本的区别。

培养出耳用的湿培养室，也要结合各大区的气候条件，因地制宜地设置地下式、半地下式或地上式的耳房（棚）。金耳的出耳房，要特别注意通风换气条件，适当加大光照度。这样，才能培养出既开瓣良好，又转色鲜艳的优质金耳子实体。

设置干培养室和湿培养室要配套，要有适当间隔，又不能距离太远，以便于操作和管理。

金耳人工栽培的主要配件设备见图 13。

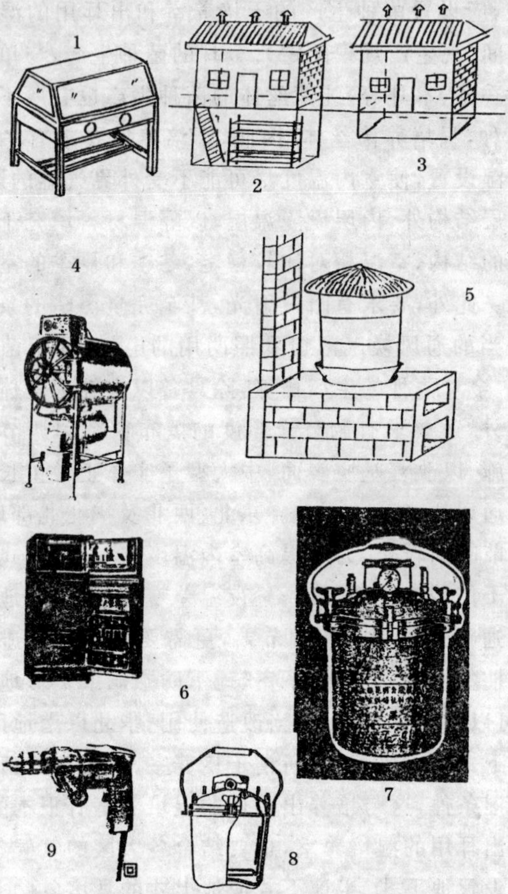

图 13　金耳人工栽培的主要配件设备图

1. 接种箱　2. 地下式耳房　3. 半地下式耳房　4. 卧式高压蒸汽灭菌锅　5. 常温、常压蒸汽灭菌灶　6. 冷藏冰箱　7～8. 手提式小型高压蒸汽灭菌锅　9. 段木栽培用的手电钻

二、段木栽培适生树种的选择、确定和培植

无论是野生金耳，还是采用段木人工栽培金耳，子实体的产量高低和品质好坏，虽然与各生态因素都有密切的相关性，但是，最关键的是取决于适宜的树种和树种的存在状态。

云南省各金耳产区，黄毛青冈(群众通称黄栎木)以及其他壳斗科树种的生长量和分布面较广，采伐更新较快，萌生力强。多分布于海拔1 860～3 160米的滇西北林区山地，常常与云南松形成针阔叶混交林。长期以来，由于林业部门对阔叶树放任自流，绝大部分都被连续砍伐，林地上余留的枯枝、枯干、卧木和伐桩，也给金耳创造了生长发育的良好条件。根据踏查和88块标准地、1 406株标准木的详细调查，凡是砍伐季节适宜，于秋冬季树木自然落叶后，或春末树液流动前砍伐，残留在林地上的小径木和大径级卧木和伐桩、枯枝、枯干以及受机械损伤的枯立木、局部枯死和火烧的弱立木，在适宜的生态环境和特定的伴生毛韧革菌帮助下，基物上或多或少都有金耳子实体的自然生长。小径木出耳快，耳质较好，但出耳延续期只有1～3年。大径木出耳较慢，出耳延续期5～10年。各树种及存在状态的金耳生长量和品质好坏，见表16，表17。

表16　各树种的金耳产量和品质的比较

(丽江、维西林区，1982年6～9月)

树　　种	标准木(株)	金耳 生长量	金耳 品质(等级)
黄毛青冈	471	1090/0.2～11.8	丙～(甲)
青　　冈	2	2/0.4～4.5	丙～(乙)
多穗石栎	2	22/0.3～0.8	丙

续表 16

树种	标准木(株)	金耳	
		生长量	品质(等级)
高山栲	2	2/0.5～1.2	丙
麻栎	2	2/0.6～1.6	丙
柞栎	3	3/0.5～3.8	丙～(乙)
板栗	10	4/0.8～2.3	丙～(乙)

注:生长量:(朵)/直径(厘米);( )内表示数量较少

表 17　树种的存在状态与金耳产量和品质的关系

(丽江、维西林区,1982 年 6～9 月)

树种存在状态	标准木(株)	金耳		
		着生部位	生长量	品质(等级)
健全的活立木	468	—	—	—
局部枯损的活立木	48	枯损部位	53/0.3～3.6	丙～(乙)
林地上的倒腐木	308	干侧和侧下方,分杈处多见	741/0.2～11.8	丙～甲
林地上的枯枝段木	53	同上	86/0.3～7.8	丙～甲
局部火烧的弱活立木	8	火烧中度部位	16/0.2～3.6	丙～(乙)
火烧死的枯立木	6	火烧轻度部位	11/0.3～1.8	丙
林地上的枯朽伐桩	26	侧面枯损部位,断面很少	43/0.3～2.6	丙
地上枯朽、地下部萌发新枝	24	枯朽郁闭部位	52/0.3～4.7	丙～乙
林地上的枯立木	9	干基或分杈部位	18/0.3～10.4	丙～(甲)

注:生长量:(朵)/直径(厘米);遇到金耳时,进行取样和选标准地调查;表 17 是以上 6 个树种的统计数;( )内表示数量较少

表 17 说明,云南的野生金耳,对适生树种有较明显的选择性,绝大多数子实体,都生长在黄毛青冈(黄栎木)Cyclobalanopsis delavayi (Franch.) Schottky 的倒腐木、伐桩和枯枝、枯干上，品质较好。麻栎（青冈、橡碗树）Quercus acutissima Carr. 由于树皮的木栓层较厚，吸水性差，自然接种受到很大的影响，只有在机械损伤，裸露出木质部的伤损枯死部位，才能够看到金耳的自然生长，但品质较好。柞栎（槲树、大叶波罗）Q. dentata Thunb. 多穗石栎（多穗柯）Lithocarpus polyotachyus (Wall) Rehd. 黄刺栎、刺栎（学名待鉴定），都能生长金耳。高山栲（白栎、滇锥栗）Castanopsis delavayi Franch. 由于树干光滑，影响自然接种的成活率，只有在局部机械损伤的枯死部位，才能看到金耳子实体的自然生长。其他壳斗科树种，如青冈（青冈栎）Cyclobalanopsisglauea (Thunb.) Ocest、大叶柯 Lithocarpus megalophylla Rehd、板栗 Castanea mollissima Bl. 等林地卧木、林间柴堆垛、林间木篱和牛棚上的枯立木，靠地际的阴湿部位，雨季来临也能看到少量金耳子实体的自然生长。其他树木未见到金耳子实体的自然生长。

调查中，普遍看到，金耳子实体只能在各种树木的枯死组织上生长。濒死部位虽然偶尔也能看到金耳，但生长不良。任何生长健壮、树皮部无伤损组织的健壮活立木，是不能生长金耳的。所有能生长金耳的树种，子实体多半生长在郁闭的背阴部位，品质较好，产量较高。少数生长在郁闭不良部位的金耳，虽然体质较坚硬，但个体都很小。树种及存在状态确定后，用多大径级（粗度）的树段来栽培金耳较为适宜，也必须明确。调查中普遍看到，在湿润而温暖的林地上，小径级的枯死树段和枯枝、枯干，经过实测，树皮部的相对面积和营养物质的含量，要比大径级的相对比值高，出耳早、品质好，但相对产量较大径级的树段略低。虽然大径级的木段能连续出耳5～8年，甚至多达11～12年，小径木只能连续出耳1～3年。但是，从保护森林，提高单位面积林木的综合利用率看，推广选用小径木人工栽培金耳，有重要的实际意义和经济意义。不同径级的段木与金耳产量和品质的关系，见表18。

表18 黄毛青冈干径与金耳产量和品质的关系

（丽江林区，1982年6～9月）

树干径级（厘米）	标准木（株）	金耳	
		生长量（朵）/直径（厘米）	品质（等级）
4～15	81	166/1.0～8.6	（丙）～（甲）
20～40	48	206/0.5～6.9	（丙）～（甲）
45～78	56	250/0.3～11.8	（丙）～（甲）

注：（ ）内表示数量少

从表18看出，4～15厘米的小径级黄毛青冈枯死木的金耳生长量虽低于20～40厘米和45～78厘米的中径、大径级黄毛青冈枯死木。但单株段木上长出的金耳子实体大小、色泽和体质，并不次于大径木，甚至还优于大径木。因段木的营养物质主要含于树皮部，小径木树皮面的比值大于大径木，木质部含营养物质很少。这对有效利用树木的废弃物和边角料有重要的实际意义。

将野生金耳的适生树种和最佳树种的调查结果，应用到大面积段木栽培金耳的生产实践中去检验，普遍证明，黄毛青冈、黄刺栎、麻栎，都是段木栽培金耳的最佳适生树种。不仅金耳的出耳率最高，而且朵型最大，颜色鲜艳，品质相当优良，年年获得高产稳产。

一些缺少这些树种的新种植金耳的地区，人工引种，种植树苗也获得成功。预计5～8年后，就能初步看到段木栽培金耳的经济效益。老栽培区，用前5～8年砍伐后新萌发的小径级段木，现砍伐、现播种、保温保湿发菌，也获得了良好的结果。近几年来，老区的耳农种植金耳，越种技术越熟练，越种越高产，创造了很多丰富的经验。有的耳农，发菌期用竹篱巴盖发菌段木的堆垛顶，再用树枝、草席和农作物秸秆，覆盖上顶和四周，再用宽幅薄膜封闭，发菌期无须浇发菌水，段木就能顺利出耳。特别是麻栎树种，在人工接种、发菌条件下，由于树皮有较厚的木栓层保护，干旱季节保水能力甚强。其他不耐干旱的树种段木，浇水跟不上，就容易因强度缺水，严重影响菌种成活率，使单株段木的出耳率和耳质明显下降。而麻栎树种，却恰恰相反，旱季出耳比不耐干旱的其他树种都早，耳质十分优良，最大的子实体，鲜重高达2 500克，打破了以往种植金耳的最高纪录，可以说是世界上罕见的巨型金耳。从科学的角度看，在野生条件下，麻栎树种，由于树皮的木栓层很厚，自然接种成活十分困难，只有在树皮严重损伤的枯枝和林地卧木干上，才能看到自然生长的金耳，但品质十分优良。在人工栽培条件下，打穴接种、发菌，既克服了厚木栓层的自然保护，又充分发挥了厚木栓层保水性强的特点，更显示出适于金耳段木栽培的有利优势。因此，旱季的平均产量可以大大超过其他适生树种。干旱地区，重点推广用麻栎大面积栽培金耳的经验，是获得高产稳产的保证。

黄毛青冈和黄刺栎树种的段木，只要气候不是特别干旱，一般的干旱年份，只要浇水适当，良种良法种植金耳，产量和品质都有充分的保证。再加上黄毛青冈的自然资源优势，明显高于其他所有的适生树种。因此，选择黄毛青冈段木种植金耳，也是不能忽视的。除选用最佳的适生段木重点种植金耳外，还要适当搭配一些其他适生段木种植金耳。无论怎样，总比直接砍树烧火合算。

要提倡段木栽培与代料栽培搭配种植，最低温度不低于

—8℃的地区，春秋季节种段木，全年种代料；最低温度不低于0℃的地区，早春晚秋和冬季都可以播种段木，全年种代料，迅速改变过去单打一的段木栽培方式，从长远观点和全局利益考虑，更要大力提倡以代料栽培为主要栽培方式，打破段木好种，代料难栽的陈旧观念。事实上，只要掌握技术要点，良种良法代料栽培金耳，不但能够普遍成功，生物转化率更优于段木栽培（详见第四章第五节代用料人工栽培）。

新栽培区，除先搞代料栽培外，还要加强对段木栽培适生树种的开发研究。例如，东北协作区，采用栓皮栎 Quercus variabilis Bl. 和蒙古栎（柞树）Quercus mongolica Fisch. 试种金耳，已初步获得成功。有核桃树种的地区，用核桃段木种植金耳也取得成功。这说明段木栽培金耳的适生树种，并不仅仅限于上述几种。

段木树龄和径级的选择，经多年大面积生产实践证明，选择直径 8～16 厘米，树龄在 16～30 年内的小径木栽培金耳，产值和效益要比直径 18～25 厘米、树龄 40～100 年的大径木合算。小径木栽培金耳，不仅发菌快、出耳早、成本低、效益高，而且操作管理也比较方便省力，容易搬运和管理，又充分利用大径级林木抚育管理的修枝干下脚料，提高了森林树木的综合利用率。小于 6 厘米粗度的枝干木，却不利于接种、保湿和出耳。从林木生长、发育的角度选择最佳段木，则以生长在阳坡、土层较厚而肥沃、林木生长较稀疏的段木，比生长在阴坡、土层瘠薄、林木生长密集的段木，养分贮存量要充足得多。用养分贮存量充足的段木栽培金耳，出耳率和耳质要高得多。

适生耳木林的培植和更新，从长远和全局利益出发，各地区在推广段木栽培金耳的同时，要特别强调对适生耳木林的培植和人工更新。虽然各地区自然生长的栎木资源比较丰富，但如果只知道大面积砍伐利用，不重视人工培植和更新，再多的栎木资源，也经不起年年的大量砍伐。因此，在砍伐段木栽培金耳的同时，要按照立地条件的不同类型和适宜的树种结构，大力宣传砍一种三的原则，使种植数大大超过砍伐数。在最佳适生段木资源供不应求的情况下，为了保证最佳适生树种资源源远流长，不致枯竭，除了宣传砍一种三的原则外，还应该加强对现有林木的抚育和管理，结合抚育管理修枝定干，促进萌发和更新。要严防森林火灾和大片乱砍乱伐。这样做，不仅保证了段木栽培金耳对耳木林的需要，更重要的是保护了自然生态环境。

三、段木接种前的准备

一是段木的合理砍伐和管理。从林学的观点分析，绝大多数阔叶林木，当气温下降超过适宜生长的温度时，即进入正常的落叶期或休眠期。这时树液停止流动，养分运输贮藏在枝干部位。随着气温的回升，达到各树种适宜的生长温度时，树液又开始流动，枝干部贮存的养分，又运输供给休眠叶芽和花芽萌动生长的需要，枝干部贮存的养分大大减少。因此，段木砍伐的适宜期，以冬季树木落叶后至翌年春季，树芽萌动展叶期为宜。生长期砍伐树木，容易使树皮脱落，树皮不完整，甚至完全脱落的段木是不能用来栽培金耳的。至于具体砍伐树木的时间，要根据各地不同树种的生长发育期和自然气温的变化规律以及金耳菌种的制备情况来确定。在一般情况下，当气温回升稳定在10℃左右，人工接种所需要的金耳菌种已经备足，菌龄在30天左右，即可以动手砍伐适生树木。

砍树要做到现砍伐、现截段断枝、现播种的“三现”原则，使段木的含水量少丧失，有利于接种发菌。砍倒的树木枝干，要按径级大小截成1～2米长的树段。径级小的截长些，径级大的截短些。边截断，边按段木的粗细度归类，搬运至阴凉、宽敞、平坦、空气新鲜、环境卫生的场院地上准备接种。树段的两头断面，最好平截，伤损处要及时用20%的生石灰水涂抹，防止或减少杂菌感染。枝丫部分含养分较高，修枝截干时枝丫最好留茬3～7厘米，截段部最好距离留茬有一定的距离，尽量减少和减小伤口面，以利于伤口愈合，既防杂菌感染，又有利于金耳发菌、生长和出耳。截好的段木要及时播种完毕，实在不能及时播种的段木，要加强管理，注意保存段木的含水量不大量散失。由于各种栎木木质坚硬，水分一旦大量散失，两端的截断面出现很大的裂纹和裂口，吸水能力弱，很难补偿已经散失掉的水分。这样的段木就只能烧火用了。

二是有效优良栽培菌种的制备和种性鉴定。栽培种的制备，一定要在适生段木砍伐前制好、备足，经过严格的种性鉴定，确认无疑，才能使用。有条件的栽培单位，最好能做到自行分离和培育菌种。这样做，既保证用种质量，又大大降低生产成本，更不会出现砍树与播种适期脱节。没有条件自制菌种的单位，必须提前与供种单位签好合同，保证及时用种的需要。

菌种制备和种性鉴定标准，详见金耳有效优良菌种的制备原理和金耳(Tremella aurantialba Bandoni & Zang. sp. nor.)国家级制种技术规范试行方案(草案要点)。

三是段木栽培的技术力量和器械、备品的准备。技术水平的高低，是段木栽培能否成功的前提，要根据栽培的规模，提前选拔和培训足够的技术骨干。段木栽培的器械和备品，包括采集、制作鉴定和接种使用的各种器械和备品。不能自制菌种的单位，只需要准备好段木砍伐、接种直至采收、贮藏的有关器械和备品即可。除专用的特殊设备需要专门采购外，一般器械和备品都能就地解决，不一一介绍。专用的特殊设备除外，打接种穴用的播种锤或电钻、电钻头，打播种穴盖用的皮盖冲，这些设备，各地较大的五金器材公司都可以买到。有了这几件专用设备，段木的接种问题就解决了。

四、段木接种及要点

段木接种，就是将经过种性鉴定，完全符合规格的金耳栽培种，用消过毒的手，接入用播种锤或电钻头打好的接种穴中。接种也可以称为播种，是段木栽培的同意语工艺流程见图14。鉴于段木接种属开放式的技术操作，一般是在段木堆积场或发菌场上进行。因此，要趁低温季节适期早播，才能减少空气中杂菌的污染。当月均气温回升，稳定在10℃～13℃时，为播种发菌适期。滇中一线，以冬末春初播种为最佳时期。如果在高温期(20℃～28℃)播种，容易遭受空气中杂菌的污染。趁低温季节适期早播，就能提前发菌，提前出耳，延长当年的出耳期，增加单位面积产量。相反，在高温季节播种，晚发菌，晚出耳，不仅缩短了出耳期，使当年的金耳单位面积产量明显降低，而且在高温条件下播种，常易导致各种杂菌的严重污染，使段木栽培失败。

段木播种前，一定要严格掌握和检查菌种的质量，这是段木栽培成败的关键。前面已讲过，段木栽培对菌种质量的要求，与代料栽培对菌种质量的要求有所不同(详见菌种的制备原理和方法)。菌种检查合格后，所有的菌种瓶外壁、工具都要用75%的酒精棉球或10%的生石灰水上清液，或5%的高锰酸钾溶液，或3%的新洁尔灭作表面消毒，现消毒，现使用。然后，组织好技术力量，分别进行制盖、打洞、播种和盖盖。制盖，一般采用口径13～14毫米的皮盖冲。皮盖冲的口径大小要与

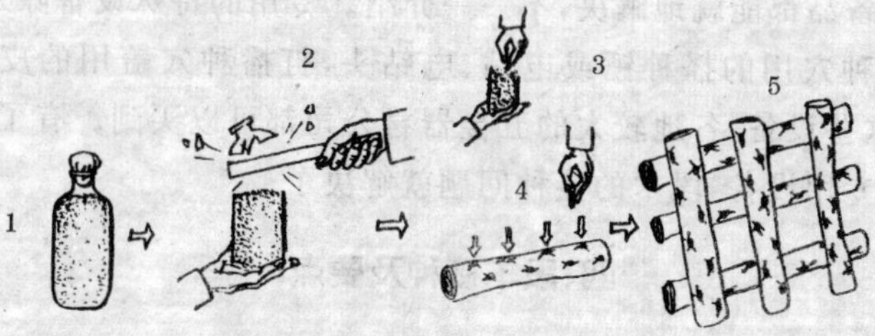

图 14　段木栽培的接种工艺流程示意图

1. 段木栽培的有效优良栽培种　2. 将菌种瓶外壁消毒后打碎，将菌种块取出　3～4. 用灭过菌的快刀，将菌种块切成相当于接种穴大小的种块，接入段木穴中，盖好皮盖　5. 接好种的段木要间隔适当距离，搭成"井"字形发菌

打洞用的播种锤或电钻头的孔径密切结合。皮盖冲的口径，必须比播种锤和电钻头的孔径大 1～2 毫米，使皮盖与孔口紧密结合。制盖以选用麻栎或树皮较厚的同一种段木为宜，用皮盖冲打下的皮盖，要现打现用，厚度在 0.4 厘米左右，用清水浸泡保湿。采用电钻头或播种锤打洞，钻头的直径以 12～13 毫米为宜。由于金耳混杂型的菌丝体，沿段木纵向扩展蔓延较横向快，故耳穴的株距可以适当大些。每隔 12～20 厘米打 1 个洞，洞深 2～3 厘米，以深入木质部边材 1 厘米左右为宜。行距 5～10 厘米，行数视段木粗细酌定。

没有电源的边远山区，多采用播种锤打洞，一头用皮盖冲打洞，另一头用皮盖冲取盖，操作方便，效果良好。取盖、打洞、播种、盖盖四道工序要连续协调进行，即边取盖、边打洞、边播种、边盖盖。小口径的菌种瓶，取种困难，掏种容易破碎，要先将瓶外壁消毒，然后用锤破瓶，将整块菌种取出。大口径的罐头瓶，可用取种器将菌种切成条块状。用塑料瓶（袋）制种的菌种，去盖或脱袋后，将整块菌种取出，用消过毒的手或工具将种掰(切)成与洞穴直径大小相当的条块状，将菌种接入洞穴内。接种量，将菌种接入穴内至穴口部稍下，四周与孔壁结合，不宜太紧或太松。太紧，菌种容易破碎，氧气不足，不利于恢复定植；太松，菌种容易失水变干而死，也不利于恢复定植。播种后，将新鲜的皮盖打入洞穴，盖面要与段木的皮面平齐。播种时切忌将菌种捣得太碎，使菌丝过度损伤，恢复困难，也影响成活定植。使用的菌种和各项操作，都不能在直射阳光下照晒，也不宜在下雨或大风天进行。接种量，以容量为750毫升的蘑菇瓶计算，每瓶可播种段木6～9根。容量为500毫升的罐头瓶菌种，每瓶可播种段木5～7根。大径级的段木洞穴多，播种量大；小径级的段木洞穴少，播种量小。无论大、小径级的段木，适当密播，都可以缩短发菌出耳期，增加单位面积的金耳产量。

五、段木发菌和管理

段木发菌的好坏是金耳种植成败的关键。发菌好，出耳早，产量高；反之，出耳晚，甚至毫无收成。因此，要严格掌握发菌要点，精心管理好段木，将播好种的段木，按径级大小，分别堆成"井"字形。段木间要留有适当的空隙，垛高1.5米左右，用宽幅塑料薄膜覆盖，薄膜上再用稻草、麦秸、松毛、树叶、草席等覆盖物覆盖遮荫，保湿、保温发菌。

砍树后，及时截干、断枝，接种的段木含水量比较充足，堆垛发菌期的前半个月内，不要向接过种的段木浇水，这样既节省劳力，发菌效果又好。15天后，揭开薄膜检查，如果段木的截头两端有微细的干裂纹，应结合翻堆浇1次水。如果没有裂纹，或者裂纹很少而小，则不必浇水。原则上，发菌前期以不浇水或少浇水为好，以利于菌丝恢复成活定植。翻堆时，堆内部的段木，应翻到堆外部，堆上部的段木应翻到堆下部，使各部位的段木调换位置，以调整湿度、温度和通风量，使各穴部的菌种发菌均匀。

结合翻堆，从各部位的段木中各取样1～2根，检查发菌及成活情况，用尖刀挑开一个播种穴的皮盖观察，如果盖子与洞穴的接口处以及穴内和四周，有金耳混杂型的白色菌丝向外生长蔓延，表明菌种已成活定植。相反，表明菌种没有成活，要及时进行补种。第一次翻堆检查后，每隔10～15天再进行1次翻堆，根据段木的干湿情况，决定是否需要浇水和浇水量。室内发菌，受外界环境影响较小，温、湿度和通风透气度容易控制，水分蒸发量小，喷水量和次数也可酌减。简易的耳房（棚）内和林地上发菌，受外界环境的影响较大，喷水量和次数要适当增加。翻堆2～3次后，可以揭开薄膜，通风晾棒7～10天，促使金耳混杂型菌丝体健壮生长，抑制杂菌滋生繁殖。

翻堆时，如果发现有杂菌污染，或者段木干上长出萌发的枝叶，应将被污染或出现萌发枝叶的段木，搬到有直射阳光的地方照晒1～4天。照晒的时间要掌握适当，湿而粗的段木可以多晒，湿度小而细的段木要少晒，照晒过度，树皮容易干裂脱落。室内晾棒，要打开全部门窗，晾后的段木再按照段木的不同情况分别归垛管理。经过一段时间的精心管理，翻堆6～8次，段木上即可见到橙黄色的金耳出现。一般先自播种穴部出耳，在少数情况下，也会从耳穴附近的树皮缝中出耳。当出耳段木达到30根左右时，即可进行排场出耳管理。

六、段木的排场及出耳管理

将已经出耳的段木，陆续搬入出耳场，进行排场出耳管理。出耳场先用段木和横杆搭好支架，支架高60～80厘米。按

"人"字形将出耳段木倾斜架于支架上。前期，倾斜度和段木间的间隔距离要适当小些，喷水量和通风量较发菌期适当增加。随着出耳量增多，喷水量和通风量也要逐渐适当加大，使空气相对湿度保持在76%～88%，形成稍干稍湿、干干湿湿的小气候环境。出耳期管理的中心环节是科学用水，要根据金耳生长发育对水分的要求适量掌握。室外出耳，在气温高、气候干燥和大风天气，每天要早、午、晚各喷1次重水，尽量使段木和金耳子实体保持湿润。室内出耳，保温保湿条件较好，每天早晚各喷1次水。喷水量也要根据段木和子实体的干湿程度酌定，阴雨天气每天喷1次轻水或不喷水。如果自然水源呈酸性反应，喷水时可在水中适当加些石灰，测试水的酸碱度呈中性至微碱性。喷水量的大小，也要根据金耳的生长发育期酌定，即原基形成、耳芽出现期要少喷，细喷，勤喷。随着子实体的长大，逐渐加大喷水量。采收前两天，要适当重喷，采收前1天要停止喷水。采收后，也要停止喷水两天，有利于耳基部伤口愈合，休养生息，再出新耳。

第五节　代用料人工栽培

继1982～1984年，金耳野生资源考察和开发利用研究、引种驯化、段木栽培通过省级成果鉴定后，金耳的段木栽培技术已大面积应用于生产，经济效益显著。实用技术在国内外属于领先地位。但是，值得注意的是，段木栽培金耳每年都要砍伐大量的栎木，多数地区只砍伐不种植，使自然生态环境继续遭受严重的破坏。随着适生栎木资源日趋减少，金耳的野生资源也越来越贫乏。再则，由于自然条件下金耳的生长发育，对最佳适生树种有较明显的选择性，使金耳段木栽培，向最佳栎木资源贫乏，甚至完全没有栎木自然生长的地区推广，受到很大的限制。因此，推广金耳的代料栽培，不仅对保护自然生态环境具有十分重要的意义，而且由于代料栽培不受地区、海拔、季节、场地的限制，全国各地甚至国外都可以广泛采用农林业、轻化工业和食品工业的某些含粗纤维的副产物、下脚料，选择最佳代用料单用，或与最佳代用料适当搭配混用。将含营养物质较贫乏的农林业、轻化工业、食品工业副产物，经过适当处理后，与最佳适生树种木屑、棉籽壳少量混用。瓶（袋）栽培金耳比段木栽培金耳的生长周期更短，单用最佳代用料或与少量农林副产物下脚料混用，生产的金耳产品，不仅产量高、品质好，而且营养成分总体含量也比野生和段木栽培的金耳高，具有更广阔的推广利用前途。

目前，一些地区和部门只讲经济收益，不注重环境保护，片面推广金耳段木栽培，已造成年年大面积砍伐适生栎木，严重破坏自然生态环境的恶劣局面，这种做法必须制止。长期的生产实践和科学研究表明：保护和发展森林，尽快恢复自然的生态平衡，是全国人民，甚至是全世界人民的根本利益，是造福于子孙后代的头等大事。各种生物，包括金耳等菌物微小生物，其生长发育和产量品质的好坏，都取决于森林生态环境是否适宜。森林资源遭受到严重的破坏，不仅使丰富的生物资源，以及其他林副产品，在种类、组成、品质、产量等各个方面明显下降，而且还导致各种自然灾害。将 20 世纪 50 年代和 70 年代金耳主产区的气象测报资源相对比，总的趋势是趋向于干旱，生态环境趋向恶劣，直接影响着金耳等各类珍贵生物资源的自然生长率，甚至导致资源枯竭。

国内外资料表明，森林作为国民经济的重要组成部分，不仅仅是为了提供木材，更重要的是在于涵养水源，保持水土，提高地力，调节气候，减少旱涝、洪水等自然灾害，从而保障农业高产稳产，增加各种生物资源的自然蕴藏量。以云南省的森林综合调查为例，全省的森林，在历年的多种经济效益中，木材（包括各种林副产品）的产值仅占 7%，而森林在保护生态环境、保护各种生物资源方面所起的作用，其总产值高达 93%。这充分说明，保护和发展森林，尽快恢复自然界的生态平衡，不仅是建设山区，彻底改变山区贫穷落后面貌的当务之急，也是全面发展国民经济，造福于人类和子孙后代的大事。

长期的科学实验和全国各个大区（点）推广金耳代料栽培的示范结果表明，代用料栽培金耳，在良种良法的正确指导下，其生物转化率和产值，完全能够达到并超过段木栽培金耳的产值。经过多点、多批次的批量验证，以较少量的段木栽培金耳，作为近似于野生金耳资源的种源基地，每年不断更新优良有效的金耳母种、原种和栽培种，是大面积推广代料栽培的重要保证和基础。只要有了抗逆性很强的有效优良菌种，采用笔者经过长期科学实验和多点推广应用的代料栽培技术，就能使单一型的段木栽培金耳，进一步提高到更科学、更理想和更完善的水平，既保护了森林生态环境，保护了金耳等珍贵野生资源，又能使金耳代料栽培得到更好的发展。现将代料栽培的技术规范总结归纳如下。

一、培养基的选择和调制

培养基是用来培养金耳有效优良菌种的物质基础，也是保证金耳人工栽培能否获得高产稳产的重要前提。经过多批次的筛选和对比实验，特别是经过中试和示范推广的验证，虽然金耳二型菌丝体的自然搭配，对多种培养基的适应范围很宽，但以下列各组培养基较为适宜。各地区可根据就地取材的原则，适当选择应用，也可以在现有各组培养基的基础上，适当调整和改进。

（一）母种培养基的选择和调制

1. PDA常规培养基　马铃薯（洋芋、土豆）去皮切成每块20克，葡萄糖2克，琼脂2～2.5克，水100毫升。如果配制1 000毫升的琼脂组合培养基，则去皮切块的马铃薯为200克，葡萄糖20克，琼脂20～25克（若琼脂质量较好、纯度较高、气温较低，加入量酌减，以20克或少于20克为宜；反之，加入量酌增，以25克为宜）。调制时，先将马铃薯去芽眼、去皮、洗净，切成大小相当的小块，加清水煮沸约20分钟，过滤取汁，加入葡萄糖和琼脂，待充分溶化后，过滤，补充水分到原量（如果琼脂质量好、纯度大、洁白，可以不过滤）。按上述用量分装入清水洗净的试管和三角瓶内，塞好棉塞，包好牛皮纸，常温常压灭菌或高温高压灭菌。灭菌时间，按灭菌方式和培养基量多少灵活掌握，常温常压灭菌，灭菌时间要适当延长1～2个小时；高温高压灭菌，灭菌时间可以适当缩短到0.5～1个小时（视灭菌物装料量多少酌定）。原则上以灭菌达到彻底为度。

2. PDA加蛋白胨培养基　在调制好的上述PDA培养基中，加入0.2%～0.5%蛋白胨（配制1 000毫升，则加入蛋白胨2～5克）。配制方法同上。

3. PDA加麦粒煎汁培养基　在调制好的上述PDA培养基中，加入3%～8%的优质麦粒煎汁（配制1 000毫升，则加入30～80克的优质麦粒煎汁，以加入30克麦粒煎汁为常用量，麦粒煎汁的调制，将优质麦粒加入适量水中煮沸半小时，过滤取汁）。配制方法同上。

4. PDA—黄豆粉、玉米粉、麸皮煎汁培养基　在PDA常规培养基中，分别加入1%～2%的黄豆粉或玉米粉、麸皮，分别制成3种不同组分的培养基。配制1 000毫升，分别加入黄豆粉、玉米粉、麸皮各10～20克。将3种加入物分别用微火煮沸30分钟，过滤取汁后，加入PDA常规培养基中，pH值自然。

5. 组合培养基　将2～4三种培养基中的蛋白胨、麦粒、黄豆粉、玉米粉、麸皮的用量减半后，加入0.2%～0.3%的磷酸二氢钾、硫酸镁，再加入0.1%碳酸钙。调制方法同上。

6. PDA—栎类(以黄毛青冈为最佳)枝、叶、木屑煎汁培养基　在PDA培养基中，加入2%～5%的栎类枝叶和木屑煎汁。调制方法同上。

7. PDA—阔叶木屑(以水冬瓜木屑为最佳)或枝、叶煎汁培养基　在PDA培养基中，加入3%～8%的阔叶木屑或枝、叶煎汁。调制方法同上。

8. 松针叶煎汁组合培养基　取200克新鲜的或枯干的松针叶，加入1 000毫升水煮沸1小时，取上清液，加入0.1%高锰酸钾10毫升，补足原水量后，加入1%葡萄糖，0.1%～0.2%蛋白胨，0.1%磷酸二氢钾，0.2%～0.3%硫酸镁，2%～2.5%琼脂。调制方法同上。

9. 选择性组合培养基　麦芽糖1.5%，酵母浸膏0.5%，硫酸镁0.05%，琼脂2%～2.5%。调制方法同上。

10. PDA—硫胺素培养基　在PDA培养基中，加入医用硫胺素10毫克，以常温常压灭菌为宜。高温高压灭菌，容易使硫胺素受破坏而失效。

11. PDA—肌醇培养基　在PDA培养基中，加入微量肌醇，按常规方法调制。

12. PDA—肌醇、硫胺素培养基　在PDA培养基中，加入微量肌醇和硫胺素10毫克,按常规方法调制。

以上琼脂类试管培养基的制作工艺流程详见图15。

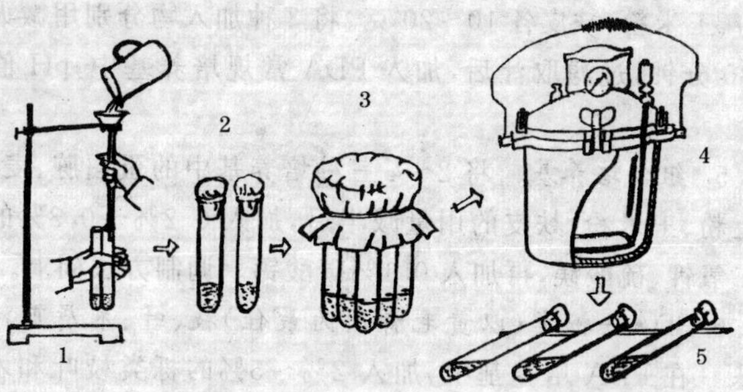

图15 琼脂类试管培养基的制作工艺流程示意图

1~2. 将调制好的琼脂培养基,趁热,通过漏斗和医用乳胶管、玻璃制滴管分装入3厘米的大口径试管中,每管注入20~30毫升量,塞好棉花头集中直放入试管框内

3. 将制备好的琼脂培养基大口径试管,用牛皮纸或报纸,包扎好试管头部,以免灭菌时棉塞潮湿,诱发杂菌污染

4. 将包扎好试管头部的大捆试管培养基,放入手提式小型高压灭菌锅内,按常规要求灭菌

5. 灭好菌的试管培养基,待在锅内适当冷却后,从灭菌锅中取出,在木条上摆成小斜面,凝固后,待冷凝水消失后收藏备用

13. 金耳下脚料广谱高效特殊培养基 这种培养基,是笔者对金耳段木或代料栽培产品进行加工、深加工的开发利用研究中,于1993~1996年,初步试制成功的。鉴于琼脂类组合培养基,各种添加原料的市场价格越来越高,再加上多种菌类,对培养基的组分和类别适应程度不同,配制起来,操作比较麻烦,有些驯化难度很大的菌类对培养基的组分要求高,配制难,筛选范围有限,效果也不够理想。而金耳下脚料广谱高效培养基,试制的原材料,一般只采用段木或代料栽培金耳的

等外产品和下脚料，耳基及其附着的菌糠料，经过细碎晒干后备用，不仅原料来源广，成本很低，制作工序也十分简便，经过多批次测试，不仅用来培养金耳的耳块母种效果很好，而且对很多种类的食药用菌，特别是在琼脂类培养基上生长发育不良的一些珍稀野生食药用菌，都获得了较好的培养效果，不仅大大节省了人力、物力和财力，还变废为宝，有广泛的推广利用价值。

配制时，将上述细碎、晒干后的备品和新鲜制备的备品，按规定用量，装入清洗过的罐头瓶和三角瓶内，鲜料每瓶装入20克，加入20毫升清水，干料每瓶装入5克，加入90毫升清水。封瓶口，干热或湿热灭菌浓缩，呈粘稠状态。

冷却后，在无菌条件下接入菌种，置22℃±3℃干培养室内遮光培养，不仅所有的食用菌栽培种(包括金耳母种和原种种耳)都能较好地生长发育，而且用于26个野生驯化种，也能较好地生长。这种培养基的特点是，不用琼脂和其他高效高成本的原材料。如果要求金耳下脚料制备的培养基，能够像一般琼脂类培养基那样，凝固成较好的平板，也只需要加入少量(0.5%～0.8%)琼脂即可。

总之，在以上各种培养基中，采用随机取样法、耳块投耳法，分离培养金耳耳块母种和原种种耳，均能获得较好的培养效果。以2、3、4、6各组分的培养基较为常用，加入琼脂的量要根据琼脂商品质量的好坏（纯度)和气温高低酌定，pH值均为自然，各地区的用水、酸碱度要经过测试。原则上，配制好的母种培养基以微碱性为宜，经灭菌处理后，pH值一般降到中性。

(二)原种和栽培种培养基的选择和调制

一是以最佳适生树种黄毛青冈、黄刺栎和麻栎木屑为主料，单用或与其他辅料混用。

①黄毛青冈、黄刺栎、麻栎木屑 80%，麸皮 20%。

②黄毛青冈、黄刺栎、麻栎木屑 78%，麸皮 20%，白糖 0.5%，石膏粉 0.5%，尿素 0.5%，磷酸二氢钾 0.3%，硫酸镁 0.2%。

③黄毛青冈、黄刺栎、麻栎木屑 60%，水冬瓜木屑 20%，麸皮 18%，白糖 1%，石膏粉 1%。

④黄毛青冈、黄刺栎、麻栎木屑 60%，多种农副产品碎料（稻草糠、麦秆糠、豆糠等）18%，麸皮或米糠 20%，白糖 1%，石膏粉 1%。

二是以水冬瓜木屑为主料，单用或与其他辅料适量混用。

①水冬瓜木屑 78.5%，麸皮 20%，白糖 1%，碳酸钙 0.5%，另加硫胺素（医用）10 毫克。

②水冬瓜木屑 78%，麸皮或米糠 20%，白糖 1%，石膏粉 1%。

③水冬瓜木屑 80%，麸皮 18%，白糖 1%，石膏粉 1%。

三是以棉籽壳为主料，单用或与其他辅料适量混用。

①棉籽壳 80%，麸皮或米糠 20%。

②棉籽壳 78%，多种农副产品碎料（稻草糠、麦秆糠、豆糠等）15%，麸皮或米糠 5%，白糖 1%，石膏粉 1%。

③棉籽壳 79%，玉米芯 15%，麸皮 1%，磷肥 2%，石膏粉 2.5%，石灰 0.5%。

④棉籽壳 50%，多种农副产品下脚料 25%，麸皮 20%，磷肥 2%，石膏粉 1.5%，黄豆粉 1.5%。

⑤棉籽壳 50%，杨、柳树木屑 25%，麸皮或米糠 20%，石膏粉 1.5%，白糖 1.5%，黄豆粉 1.5%，硫酸镁 0.2%，磷酸二氢钾 0.3%。

⑥棉籽壳78%，麸皮20%，白糖1%，石膏粉1%。

⑦棉籽壳60%，多种阔叶木屑或杂木屑18%，麸皮20%，白糖1%，石膏粉1%。

⑧棉籽壳68%，未经处理或处理的松、柏、桉、楠木屑10%，麸皮或米糠20%，白糖1%，石膏粉1%。

四是以多种阔叶杂木屑为主料，单用或与其他辅料混用。杂木屑的来源，有时并不十分清楚，用混杂有少量含有害物质的松、柏木屑和桉、楠木屑实验对比，金耳混杂型菌丝体也能较正常地生长发育，并形成比较饱满的金耳子实体，这是意外的偶然性结果，有待于继续重新论证。

①杂木屑78%，麸皮20%，白糖1%，石膏粉1%。

②杂木屑50.3%，棉籽壳28%，麸皮20%，白糖1%，磷酸二氢钾0.5%，硫酸镁0.2%。

五是用经过物理方法处理或未经处理的松木屑为主料，单用或与其他辅料混用。

①新鲜松木屑78%，麸皮20%，白糖1%，石膏粉1%。

②经过长期自然风干和日光照晒，或经过高温灭菌处理的松木屑58%，棉籽壳20%，麸皮20%，白糖1%，石膏粉1%。

以上各类代用料，除以松木屑为主料，单用或与其他辅料混用的培养基，金耳混杂型菌丝体不能较好地生长发育，甚至完全不能生长外，其余的各类培养基，均能较正常地生长，形成较丰满的金耳子实体。其中，以棉籽壳、黄毛青冈和水冬瓜木屑为主料，单用或混用的绝大多数培养基，金耳的混杂型菌丝体和子实体生长发育最好。选择最佳代用料为主料，与少量含有毒物质的松、柏、桉、楠木屑混用，也能较好地生长发育，形成不同程度的金耳子实体。

二、有效优良菌种的分离和培养

详见第四章第一、第二节和附录：金耳（Tremella aurantialba Bandoni & Zang. sp. nor.）国家级制种技术规范试行方案（草案要点）。

三、制种培养和出耳管理

（一）蘑菇瓶、罐头瓶、塑料瓶、塑料袋封闭式制种培养，半开放式出耳和管理　这种方式，主要是以制备代料栽培的实验用种和大面积生产用种为主要目的的一种过渡型应急措施（制种培养方法，详见菌种的制备原理）。将用种的菌瓶和菌袋，待基质表面的白色脑耳充分长大成形后，开瓶（袋），移入湿培养室内，半开放式通风、透气保湿培养，促使原来在封闭式培养条件下，生长发育不够正常，子实体体质较硬实的白色脑耳，能够较好地生长发育、开瓣、转色，体质逐渐由硬变柔软，颜色逐渐由白转黄。

一般情况下，在通风透气度明显改善的瓶口和袋口部位及其附近，子实体逐渐由白色变为淡黄色，甚至橙黄色，食味和色度都要比原来未开瓶（袋）封闭式培养出耳的好些。这样的菌种瓶（袋），由于较长时间在封闭条件下生长发育，瓶（袋）内的各种生理因素（不通风透气、温度和湿度的昼夜差变幅很小，光照度微弱）变化很小，基料菌丝体和脑状子实体，对外界环境的适应能力很弱，因此，开瓶（袋）移入湿培养室，要适当控制培养室的温、湿度和通风透气度，使温、湿度适当低一些，通风量、喷水量也要适当小一些，不能向瓶（袋）口，特别是向菌丝体和子实体直接喷水。如果温度较高，湿度较大，通风量较小，喷水量较大，甚至将水直接喷射到菌丝体和子实体上，由于封闭条件下形成的菌丝体和子实体抗逆性弱，容易导致多种杂菌的污染霉变，这是要特别注意的。

（二）蘑菇瓶、罐头瓶、塑料瓶、塑料袋封闭式培养菌种，半开放或开放式出耳 采用这种方式培养出耳，可以采用以下几种装料、出耳的管理设计。

1．*装料压紧后，基面在瓶口或袋口稍下* 采用各种瓶、袋装料，均以装料压紧后，料面在瓶口和袋口稍下为宜。太深会影响出耳转色效果；太浅又影响封闭培养期，瓶口部氧气不足，子实体也难于伸展。制种时，用两层新报纸加盖1层耐高温高压的塑料薄膜封闭瓶口。耐高温高压的塑料薄膜制袋，袋口要先用硬质的包装带做成直径为4～4.5厘米大小的套环，按常规将塑料袋套环套好，用两层新报纸或1层牛皮纸加盖一层耐高温高压的塑料薄膜封好袋口，常温常压或高温高压灭菌。灭菌时间以灭菌彻底为原则，灭菌后，在无菌条件下，熟练地将1立方厘米的种耳耳块，接入瓶（袋）基面口部，在20℃±3℃干培养室和25℃恒温箱中培养。在18℃～20℃干培养室内遮光培养，虽然接种耳块和菌丝体生长发育稍微缓慢一些，但发菌比较健壮，有利于出耳和转色。

当菌丝体长满瓶（袋）口部稍下时，去掉封口上层的塑料薄膜，开始适当透气培养。当投入的耳块开始生长至明显增大，菌丝体吃料达瓶（袋）1/3～1/2时，移入湿培养室，开瓶（袋）口通风保湿培养。初期要适当控制湿培养室的温、湿度和通风透气度，使温、湿度适当低一些，通风量和喷水量适当小一些，使刚刚打开瓶（袋）口的菌料菌丝体和子实体，对改变了的环境条件有一个逐渐适应的过程。如果温度较高，湿度较大，通风量特别是喷水量过急过大，会造成对菌丝体和子实体的不良影响。更要防止将水直接喷入瓶（袋）内，导致各种杂菌的污染霉变。

当耳块逐渐转为淡黄色时，温度宜低(18℃左右)不宜高。在低温条件下，子实体能够比较健壮地成长，抗逆性、抗污染能力增强。喷水量和通风量也逐渐增大，子实体迅速转为橙黄色，甚至橘红色。随着通风透气度增得更大，喷水量也要相应增大，使已转为鲜橙黄至橘红色的子实体，保持湿润状态。由于这种出耳方式，子实体居于瓶(袋)口稍下，因此，自始至终都不能将水直接喷向瓶(袋)，以免喷水注入瓶(袋)内，影响菌丝体和子实体的正常生长，也避免各种病、虫害顺孔而入。

在干旱季节，由于空气相对湿度很低，蒸发量大，容易降低水分，必要时可在刚刚打开的瓶(袋)口上方，覆盖1～2层新报纸，用细水将报纸喷湿，达到间接保湿的目的。这样做，可以有效地防止瓶(袋)口部失水变干，覆盖的湿报纸，要适当揭开通风透气，长时间的覆盖，也会促成各种杂菌污染。精心的管理，是保证转色、开瓣优良的关键，也是保证子实体高产、稳产的目标。经过一段时间的精心管理，就能获得既高产、又能充分转色开瓣的最佳金耳子实体。管理的中心环节是喷水量、喷水方式和通风透气度的科学搭配，这也是考核栽培技术高低的标准。

当子实体达到成熟初期，并充分开瓣、转色时，要及时采收，贴耳基部用快刀平切采下。采收前后都要停止喷水1～2天，既保证耳质，又有利于菌丝体休养生息，有利于新耳再生。在通风、保湿、采收期适宜的情况下，每瓶(袋)可以连续出耳2～3次。瓶(袋)越大出耳次数越多，产量越高，生物转化率为1：0.56～1.84千克(鲜重)，子实体的形状、颜色、体质，都与野生金耳和段木栽培金耳相同，甚至品质优于野生金耳。

罐头瓶封闭式制种培养，开放式出耳的工艺流程详见图16。

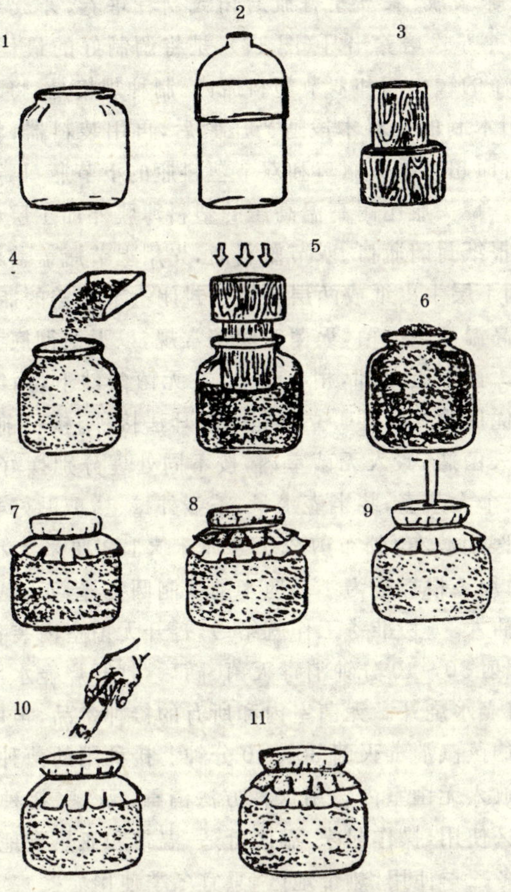

图 16　罐头瓶封闭式制种培养，开放式出耳的工艺流程示意图

1. 洗净的罐头瓶　2. 洗净的双节塑料瓶　3. 木制压料木段　4. 最佳培养料，装入洗净的罐头瓶　5. 用压料木段将料适当压紧　6. 将料加满压实，瓶口形成凸起的弧面　7. 用耐高温高压的塑料膜封闭瓶口　8. 加盖牛皮纸或报纸封口，灭菌　9～10. 在无菌室内，用铁制圆锥棒打穴，接种　11. 用原来灭过菌的牛皮纸封口

2. 罐头瓶、双节塑料瓶封闭式制种培养，开放式出耳

采用这种方式培养出耳(图 17)，是将调制好的最佳培养料，装入洗净的罐头瓶和双节塑料瓶内。制种规格是，将装入的培养料，用木制的压料木段适当压紧后，再用装料器，将料加满压实，料面超过罐头瓶口和双节塑料瓶的下节瓶口，形成凸起的弧面。罐头瓶用耐高温高压的塑料薄膜外加 1 层牛皮纸或两层新报纸封闭瓶口。双节塑料瓶，先用上节瓶盖盖好下节瓶口，再用 1 层牛皮纸或两层新报纸封闭上节瓶盖的瓶口。常温常压或高温高压灭菌，灭菌时间按常规，以灭菌彻底为原则。

待灭菌瓶近冷却，稍有余热，在无菌条件下，用继代复制的有效优良原种种耳 1 立方厘米投耳法接种。接种前，先将待接种的灭菌瓶，搬入无菌室内，按不同处理分别摆好，在电炉上，放 1 个大茶壶，装半壶水量，茶壶外壁上，剪贴好封接种穴口用的医用胶布，胶布剪成 1.8 厘米×1.8 厘米大小的正方形块，另用 1 根直径为 1.5 厘米的铁制圆锥棒，于壶盖边缘的开口处插入。一切准备工作就绪后，打开无菌室内装备的紫外线灯，照射 30～40 分钟消毒灭菌。随后，打开烧壶水用的电源开关，将壶水烧开。无菌室内和所有的接种备品，再同时用壶口喷出的蒸汽消毒灭菌 30～40 分钟。接种用的菌种，灭菌期间不能放入无菌室内。用这种方法消毒、灭菌、接种，最适合寒冷地区使用，操作起来，温暖舒适。温带和亚热带地区，宜在春、秋、冬三季使用，热带地区，只宜冬季使用。

气温较高的季节，改用其他消毒、灭菌、接种的方式。例如：用紫外线灯、喷洒各种消毒灭菌药液或用福尔马林药液熏蒸消毒灭菌，用无菌箱、酒精灯式接种，先用箱内备好的紫外线灯、福尔马林熏蒸消毒灭菌 30～40 分钟或更长一些时间，灭菌后要间隔 1 小时左右时间，充分散发有毒气味，才能进入

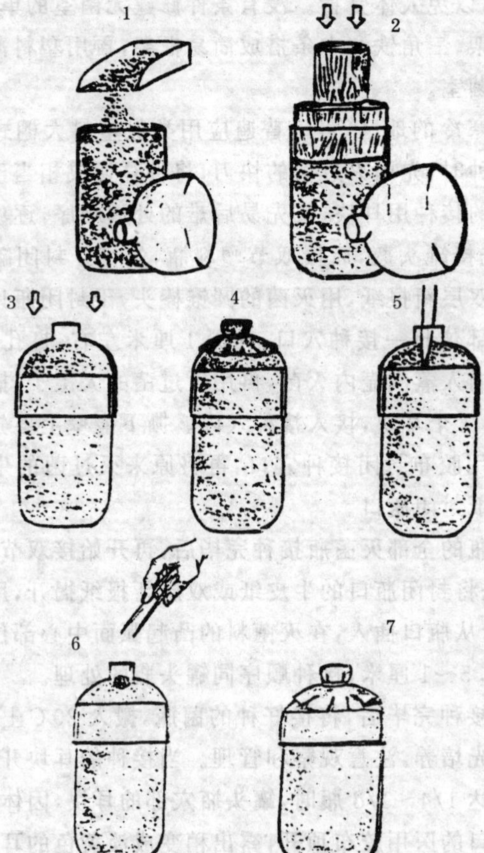

图 17　双节塑料瓶封闭式制种培养，开放式出耳的工艺流程示意图

1. 将最佳培养料装入洗净的塑料瓶　2. 用压料木段将料适当压紧　3. 将料加满压实，盖上双节塑料瓶盖　4. 用牛皮纸或报纸封闭瓶口，灭菌　5～6. 在无菌室内，打开牛皮纸，用铁制圆锥棒打穴、接种　7. 用灭过菌的牛皮纸或报纸封口室内操作，以免人体受害。没有条件修建无菌室的单位，也可以用培养架、三角铁和木条搭成简易框架，再用塑料薄膜围成简易的无菌室。

气候寒冷的地区，可以普遍应用类似塑料大棚式的遮光接种。接种时，先用灭过菌的快刀，将种耳切成相当于1平方厘米大小的接种用耳块，按先易后难的处理顺序，逐项逐瓶接种处理，先接罐头瓶，后接双节塑料瓶，先打开封闭罐头瓶的牛皮纸或双层新报纸，用灭菌的圆锥棒头，于封闭瓶口的塑料薄膜中心部位打一接种穴口，孔深1厘米左右；打孔后，随时将圆锥棒插入蒸汽壶内灭菌，再用灭过菌的大镊子，插入菌种瓶内，取出1个耳块，接入接种穴内。撕下壶壁上事先灭好菌的1块医用胶布封闭接种穴口，再将原来灭过菌的牛皮纸或双层新报纸封闭瓶口。

罐头瓶的全部灭菌瓶接种完毕后，再开始接双节塑料瓶，接瓶时，先将封闭瓶口的牛皮纸或双层新报纸揭开，用灭好菌的圆锥棒，从瓶口插入，在灭菌料的凸起弧面中心部位打一穴孔，孔深0.5～1厘米，接种顺序同罐头瓶的处理。

全部接种完毕后，将接好种的菌瓶，搬入20℃±3℃干培养室内遮光培养，注意观察和管理。当接种的耳块开始生长，菌丝吃料达1/4～1/3瓶时，罐头瓶穴部的耳块，因体积增大，将封闭穴口的医用胶布顶开，露出稍变成淡黄色的耳块，继续顶开医用胶布，明显露出耳块的菌种瓶，要及时移入湿培养室，开始少量的通风透气培养。如果不及时移入湿培养室保湿培养，继续置干培养室内培养，明显顶开胶布的耳块容易变干。已经变干变硬的耳块，移入湿培养室内，不仅不能正常生长发育，还容易遭受霉菌的污染而告终。

双节塑料瓶的接种瓶，可以在培养室内多培养几天，待接种的耳块已明显增大，顶住塑料盖口的颈部时，也要及时移入湿培养室内。先打开封闭的小瓶口，少量通风透气1～2天，让菌料菌丝和刚刚长大的幼耳块，对改变的环境有所适应，再揭掉上节塑料瓶盖，开放式通风透气、保湿培养出耳。待穴部的耳块，已充分定植生长，耳基与菌料已紧密结合时，逐渐加大室内的通风量和喷水量，初期至中期无论如何，不能将水喷向瓶口，更不能将水喷湿生长中的菌料菌丝和金耳子实体。当两种菌瓶的幼耳，都充分暴露在空气中，更要注意精心管理。通风、透气、降温、保湿等4个中心环节都不能偏废。4个环节搭配和调节的好坏，是这两种培养出耳方式成败的关键。详见前一种栽培方式的精心管理要求。在管理方法完全达到要求的情况下，生物转化率能达到0.34～0.67：0.47～0.89千克(鲜重)。瓶子的体积越大，生物转化率越高，所获得子实体的形状、颜色和体积，也与野生金耳和段木栽培金耳完全相同。

3. 塑料瓶、塑料袋封闭式制种培养，开放式出耳　这种方式培养出耳，与前一种方式略有不同，即将调制好的最佳培养料，装入洗净的塑料瓶或塑料袋内，装料压紧后，料面在塑料瓶的下半节瓶口部稍下，也在塑料袋套环的口部稍下，用牛皮纸或新报纸封闭瓶口和袋口。灭菌和管理的方法相同，只是接种不须如上繁杂，随机取继代复制有效优良的原种耳块，"投耳法"接入耳块即可。待接入的耳块开始长大，菌丝吃料1/3时，去掉塑料瓶的上节塑料盖、去掉塑料袋的套环，卷开袋口，移入湿培养室内，降温、保湿、通风、透气培养。采用这种方式培养出耳，由于子实体充分暴露在空间，要特别注意保持室内的空气相对湿度和通风量，防止因湿度太低，菌料和裸露的子实体变干，也要防止因湿度太大，使菌料和子实体受杂菌污染霉变。总之，上述4个环节的管理精细程度，仍然不能忽视，在通风、透气、降温、保湿 4 个环节搭配适当的条件下，生物转化率为1∶0.69～1.64 千克(鲜重)，瓶(袋)越大装料越多，生物转化率越高。

(三)高压聚乙烯薄膜筒、聚丙烯薄膜袋和低压聚乙烯薄膜筒(袋)封闭式培养，开放式出耳 科研、生产和大面积推广的实验结果表明，采用各种规格、型号的塑料薄膜袋，制作各种栽培类型的培养、出耳模式，批量代料栽培金耳，实用效果都比以上瓶式代料栽培金耳好得多。由于代用料的种类、来源十分广泛，综合利用率高，不受地区和季节的严格限制，技术操作简便，而且批量现场容易管理，生物转化率高，获得的金耳子实体个大，品质优良。采用良种良法袋式批量栽培金耳，能够获得优于野生金耳和段木栽培金耳的结果。

1985～1996 年，笔者在西南、西北、东北、华东、华北等协作区，推广应用已通过技术鉴定的代用料人工栽培技术。采用以壳斗科树木屑，水冬瓜木屑和各种阔叶树木屑、杂木屑、棉籽壳为主料，单用，或与各种农林业、轻化工业和食品工业中含有粗纤维的副产物适当混用，都获得了成功的结果。特别是西南和华北协作区，连续 3～5 年，都获得高产稳产的结果，1989 年，通过了省级和县级成果鉴定。1990 年，上海科教电影制片厂，将其拍摄成科教影片在全国放映。

1. 批量袋栽的规格和出耳模式 采用聚丙烯塑料袋，聚乙烯薄膜筒(袋)，封闭式培养优良有效菌料和继代复制的有效优良原种耳块，开放式通风、保湿、降温、出耳，可以根据薄膜筒(袋)的不同规格，设计出多种多样的装料和出耳方式。可以采用两头或一头套环、接种、发菌、出耳，也可以采用两头套环、袋面打穴接种、发菌出耳，也可以用酒精灯火焰，将塑料袋两头扭紧后，烧烙封闭，只在袋面上打穴、接种、发菌、出耳，袋面打穴的多少，视料袋的体积(装料量的多少)酌定，目的是提高料袋各部位的菌料生物转化率，增加单位面积的金耳子实体产量和品质。由于各地生产的薄膜筒(袋)，规格有多种多样，有口径大、袋粗而短的，也有口径小、袋细而长的，各栽培单位或农户，选用的袋栽规格或出耳方式也各有不同。总之，批量袋栽的规格和出耳管理方式，可以因地制宜、因人制宜，任意选择，没有统一的规定。

2. 代用料的调水量、pH 值测试、装料量和松紧度，要掌握适量、适度　培养料的酸碱度不宜大，要控制在中性和微碱性。灭菌前，先用万能试纸调到微碱性，灭菌后，一般会降到中性。

3. 灭菌　包括料袋的灭菌和接种室的灭菌。一是大型薄膜筒(袋)装培养料后的灭菌操作，有高温高压或常温常压灭菌两种。高温高压灭菌通常可以采用小型手提式、大型立式或卧式高压蒸汽灭菌锅，灭菌量按大型袋料计算，一次可以灭菌4～260袋不等。常温常压灭菌，可以采用类似农村家庭式的蒸饭灶，也可以修建大型砖式、隔热铁板式的常温常压灭菌灶。高温高压灭菌，灭菌时间较短，自动控制的电热加温灭菌操作简便。常温常压灭菌，多半采用柴火加温灭菌，也可以采用煤炭、电热加温灭菌。灭菌量10～2 500袋不等，视菌袋装料量和灭菌灶的体积大小确定。灭菌时间较高温高压灭菌长得多，连续灭菌2～10小时不等。自始至终，不能断火，温度不能低于100℃，锅内要及时补充开水，操作比高温高压灭菌费力费时。灭菌时，料袋要相互架空，使料袋各部分灭菌彻底。

二是接种室或灭菌室的灭菌。料袋灭菌室和接种室、灭菌操作室，最好相连，不要相距太远，灭菌后的料袋，出锅后，趁热搬入接种室或灭菌室。急于接种的，就将灭菌袋三袋一堆，间隔一定距离堆放，以促进散热。如果不急于抢时间灭菌接种，可以将全部灭菌料袋堆成大堆，充分利用灭菌室内的地面和空间。

料袋堆好后，先打开无菌室内的紫外灯，灭菌 0.5～1.0 小时，再采用茶壶式的蒸汽灭菌，待紫外灯灭菌后，打开电炉开关，将壶内的冷水烧开，将室内、壶外壁上贴的医用正方形胶布块，以及插入壶盖边缘的接种工具，一并进行蒸汽湿热灭菌。灭菌期间接种用的菌种，切忌放入，以免受害。蒸汽灭菌能充分净化无菌室内空间。接种时，蒸汽喷出的灭菌区，也比酒精灯焰的灭菌区大得多。不愿采用紫外线和蒸汽灭菌的，也可以采用福尔马林液熏蒸灭菌，在 3～5 立方米的无菌室小空间内，用一个小珐琅杯，注入福尔马林液 15～20 毫升，加少量清水，用装少量酒精的灯焰加热，福尔马林液受热气化熏蒸，待福尔马林液烧干时，少量酒精也烧干，火焰熄灭。熏蒸 5 个小时左右，打开无菌室的内部门窗散发药味。

用各种方法处理过的无菌接种室，要适时进行操作。处理过的灭菌室，并非绝对无菌，只是杂菌含量减少，但还有杂菌存在。工作人员进入前最好是更换用紫外线灯灭过菌的衣服和拖鞋，以免将更多的杂菌带入室内。接种时，可以采用茶壶式的蒸汽湿热灭菌接种法，也可采用酒精灯式的干热灭菌接种法(图 18)。根据不同地区、不同季节的气温高低，各人的接种操作习惯随意选择。茶壶式的蒸汽湿热灭菌，热源可以采用电炉加温，也可以采用炭火加温。炭火加温，要等没有煤炭烟散发时才能搬入无菌室。因煤炭烟对菌种有害，对人体也有害。酒精灯式干热灭菌，一是灯焰上方的无菌区较小，有时要同时使用 2～3 个酒精灯，分别置于接种瓶、菌种瓶和试管的口部下方，耗费酒精量大，制种成本较高。

4. 接种发菌　无论采用湿热或干热灭菌，接种用的接种瓶口、取种用的菌种瓶口和试管口，都要置于蒸汽或火焰的上方，要间隔适当的距离，防止距离蒸汽或火焰太近，烫伤菌种。现以茶壶式的蒸汽湿热灭菌接种法为例，说明接种工艺流程详见图 18。

待无菌室的紫外灯消毒灭菌 1 小时左右后，关闭紫外线灯，打开烧茶壶水的电源，边烧开水用蒸汽湿热消毒灭菌，边散发紫外线灯放出的臭氧气味。待有害气味逐渐消失后，进入无菌室内接种，先做好正式接种前的各项准备工作，双手的手掌和手指，要用 75%的酒精棉球搓擦消毒，解开封菌种瓶口的橡皮筋，用手摸摸灭菌袋的温度是否已经降到 20℃以下。在茶壶口上方距离约 10 厘米的蒸汽范围内，打开有效优良原种的瓶口，用从壶盖边缘开口处抽出已经不烫手的锯片快刀，插入原种瓶口，将基质表面上生长的中大型白色脑耳，纵横切成条块状。用灭过菌的、不烫手的大镊子，将纵、横切成条块状的种耳，掏离基料表面，再用锯片快刀将条块状的种耳，切成 1 立方厘米大小的接种耳块。先用种块接种，种块接种以料袋打穴接种为宜(图 19)。

根据菌袋的大小，先选择确定好打穴的部位和处理方式，然后逐袋打穴接种，穴孔深 1 厘米左右、孔径 1.5 厘米，接种穴不宜太深，也不宜太浅。将料袋打接种穴的部位，对在蒸汽喷出处，从壶盖边缘的工具灭菌孔中，抽出铁制的圆锥棒，在蒸汽喷袋的部位打一穴孔。穴孔直径 1.5 厘米，深 1 厘米左右。打孔后将圆锥棒插回灭菌孔继续消毒灭菌。用灭菌冷却不烫手的大镊子，从菌种瓶内夹出一个 1 立方厘米的耳块，接入打好的接种穴中，从茶壶外壁上，撕下 1 块灭菌的胶布块(1.8 厘米见方)，将接种穴口封闭。每个灭菌培养料袋接种完

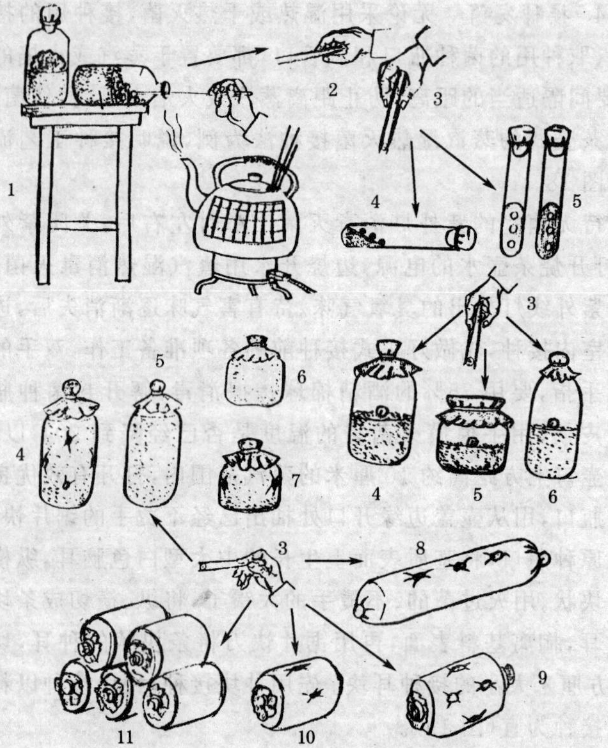

图 18　茶壶式蒸汽接种试管斜面母种，蘑菇瓶、罐头瓶、塑料袋原种和各种规格的塑料袋栽培种的工艺流程示意图

上 1. 选择作为接种用的有效优良原种及优良种耳，在蒸汽上方，用快刀切成 1 立方厘米的耳块备用　上 2～3. 用灭过菌的大镊子，夹取一个 1 立方厘米的接种用耳块　上 4. 将镊取 1 立方厘米的 3 个耳块，接入灭过菌的试管斜面上　上 5. 接好种的试管斜面母种，正放排列培养　中 3. 用灭过菌的大镊子，镊取一个 1 立方厘米的接种用耳块　中右 4～6. 将镊取 1 立方厘米的耳块，分别接入蘑菇瓶、罐头瓶和塑料袋原种灭菌瓶（袋）内，继代复制有效优良原种　中左 5～7. 下 8～11. 将镊取 1 立方厘米的耳块，分别接入各种规格的塑料袋接种穴中。于茶壶外壁上，撕取灭菌胶布，封闭穴口培养，待耳块长大，顶开胶布时，开放式出耳毕后，如果需要再在两头套环口内接入有效优良菌料，再按操作顺序，将原种的有效优良菌料，用灭过菌的掏种棒插入菌种瓶，将余下的小耳、碎耳与菌料混合后，将菌种的瓶口放在蒸汽上方，对住灭菌料袋的套环口，将菌料和小耳、碎耳少量接入料袋的套环口中。也可以采用袋两头的套环口部，用有效优良菌料混1立方厘米的大耳块接种，用原来灭过菌的牛皮纸或双层报纸，封闭套环口。

全部接种工艺操作完毕后，用清洁的平底塑料盆或清洁的搬运车，垫好干净的报纸和麻袋，将接种袋搬入干培养室内的平面培养架上，严防接种袋被刺破，造成杂菌感染。封闭式培养菌料菌丝体和接种耳块，以遮光培养为宜。培养室温控制在20℃±3℃。室温太低，耳块和菌料菌丝恢复生长较缓慢；室温太高，又容易诱发各种病虫害。在培养室的适宜温度下，3～5天后可以看到耳块周围的白色菌丝，呈圆盘状逐渐向周围扩展增大。10天左右，每个菌丝体圆盘相互连结，接入穴部的耳块，也逐渐增大。两头套环的菌料菌丝也同时生长蔓延，封闭袋口。接种穴部，先是将封闭穴口的胶布顶起，呈明显凸起的弧面，耳块再继续长大，就顶开胶布，露出淡黄白色的幼耳；再明显增大，耳块上部开始露出穴外。这时，要及时将露出耳块的菌袋，搬入湿培养室内，少量通风、透气、保湿、透光、降温培养。以上5个环节的精心管理，是大型塑料袋栽培成败的关键。

5. **出耳管理** 当接种的耳块，顶开封闭穴口的胶布，露出淡黄白色的幼耳时，要特别注意保持接种穴口和套环口部小环境的空气相对湿度。湿度过大，容易诱发多种霉菌和害虫的侵袭，咬食或感染耳芽，形成霉耳和烂耳；湿度过小，又容易使幼耳干硬，已经干硬的幼耳，再向空间喷水保湿，也容易使幼耳霉变或腐烂，新耳也不能再生。所以，一开始就要实施如下的精心管理：①刚刚顶开封口胶布的幼耳菌袋，要立即移入湿培养室实行少量通风、透气、保湿、透光、降温培养。②用新报纸覆盖幼耳菌袋，覆盖面不能直接接触幼耳，向新报纸轻喷细水，使报纸轻度保持湿润为度。每天揭开报纸通风透光透气1～2次，每次10～15分钟，促进幼耳正常生长发育。③室温要降至20℃以下，低温条件下，不利于病虫害感染。经过半个月左右的精心管理，幼耳处于正常的生长发育状态，不仅颜色很快从白色、淡黄白色，转为黄色至橙黄色，体积也逐渐长大到明显增大。当子实体达到核桃大小时，可以揭掉喷细水保湿的覆盖物（湿报纸），逐渐加大喷水量和通风量。只要耳场空气湿润、新鲜，通风量和喷水量搭配适宜，昼夜温差适当拉大，子实体能够迅速长大成形，色泽鲜艳，开瓣充分。1个月左右，即开始成熟、采收。

良种良法栽培管理，袋栽金耳子实体的产量、品质明显优于野生金耳。单批次的生物转化率，也能超过段木栽培金耳。最大子实体的鲜重，高达648～864克/朵，个别的高达1 090克/朵。笔者亲自处理的出耳袋，1千克重的湿料袋，每次可出大耳3朵，每朵鲜重420～638克。第一茬大耳，用快刀平贴耳基部采收后，停止喷水1～2天，经过休养生息，继续重复精心管理，能再出新耳4～6茬，出耳最多的菌袋，能连续采耳多达10次。只是每次出耳，体积逐渐变小。袋料的营养物质，随着子实体和菌丝体的生长发育，逐渐被吸收利用，子实体逐渐变小，这是完全正常的。

（四）不同栽培方式的栽培管理技术特点分析　采用瓶（袋）封闭式培养出耳的金耳子实体，由于瓶（袋）内不通风，报纸和牛皮纸封口的处理透气度小，塑料薄膜封口的处理甚至完全不透气，空气和氧(O_2)不足，干湿差很小而稳定，昼夜温差受外界环境的影响也很小，变幅不大，这样的生长发育因素，使处于瓶内的金耳子实体，呼吸作用、代谢功能、生物转化都受到明显的抑制。子实体的正常生长发育，也受到各生态因素的局限。因此，直接或间接影响着已经长大成形的中大型金耳子实体，主要表现在不能正常开瓣和转色，形成白色脑耳，这实际上是金耳子实体的生理性病变类型。

采用瓶(袋)封闭式培养菌丝体，半开放式或开放式出耳的子实体，由于营养生长发育阶段，对上述各生态因素的适应性较强，到子实体开始生长发育时，菌体(指子实体)不同程度暴露在空气中，各生态因素对子实体的正常生长发育有利。因此，子实体的转色开瓣度，与暴露在空间的程度和时间早晚呈正相关。当金耳子实体绝大部分甚至全部裸露在空间时，生长发育的生态环境与室内外段木栽培金耳近似，故转色、开瓣较快，色泽较鲜艳，转色、开瓣率接近100%，色、形、质都与野生金耳和段木栽培金耳近似。

如果子实体只部分暴露在空间，或者间歇暴露在空间，虽然转色、开瓣率也能接近100%，但转色、开瓣慢，色泽较淡，隐蔽部分转色不充分、不均匀，甚至不转色，色、形、质与野生金耳和段木栽培金耳有所不同。如果采用瓶(袋)封闭式或半封闭式培养，开放式出耳，当菌丝体达到生理成熟，投入的耳块开始长大，并及时伸出于穴口外时，由于子实体自始至终都直接暴露在空间，生长发育与野生金耳和段木栽培金耳所处的生态环境几乎完全相同。因此，金耳子实体的颜色、形态、品质自始至终均与野生和段木栽培金耳相同。

采用最佳代用料棉籽壳、黄毛青冈木屑和水冬瓜木屑为主料，良种良法栽培金耳，金耳的产量、品质和营养成分含量就不同程度优于野生和段木栽培金耳。这就是说，代料栽培金耳的产量高低、品质好坏，菌种是根本，代用料是前提，管理是保证，三个重要环节缺一不可。总结各大区（点）批量代料栽培的技术经验，以下几点值得特别注意。

第一，代料栽培金耳，必须采用生活力强的有效优良菌种，要从根本上掌握有效优良菌种的分离培养方法和鉴别方法，使菌种的有效率和出耳率长期稳定在98.6%～100%；因地制宜，选择来源广、质量好的新鲜代用料为主料；不断提高对金耳代料栽培的技术和管理水平，才能获得预期的结果。3个环节，不能偏废。

第二，良种并不是一劳永逸的，在分离培养获得生活力强的有效优良菌种的基础上，要争取每隔2～3年重新采集野生金耳和段木栽培的优良种耳，不断选优培育良种，使有效优良菌种不断保持良种化。有条件的地区和部门，可以选用最佳适生树种，进行段木栽培金耳，每年从段木上采种分离培养，培植金耳的良种基地，供应本地区、本部门和全国各地大面积栽培的需要。

第三，用于调制良种和大面积栽培的代用料，要求新鲜、纯净、无霉变、无受湿结块。粗料要粉碎成物理性状良好的细料，加水调料的比例，要控制在1∶1.3～1.5（根据不同料的含水量和保水率确定）。

第四，培养母种、原种和栽培种的温度，要稍低于金耳菌丝体最适宜的温度。营养基质的含量以中等营养含量为宜，不宜过低或过高，有利于控制伴生革菌菌丝体的旺盛生长发育。培养基的含水量，要稍低于多数文献记载的手捏料指缝有水迹的常规含水量，以利于金耳菌丝体的生长发育。当菌丝体吃料，子实体开始长大时，应及时揭开封口，放在湿培养室内通风保湿培养。不论以哪种方式栽培出耳，都要使子实体充分暴露在空气中，以间接喷水保湿效果较好，菌丝体和子实体生长发育初期，不要把水直接喷向菌料和子实体。出耳盛期，空气的相对湿度要保持在85%～90%间，喷水量和喷水方式的精心管理是出耳期特别是出耳初期的重要环节。在酷暑干旱季节，要勤喷水，喷重水，墙上、地上和空间喷重水，瓶、袋和子实体上喷轻水，使耳场房经常处于阴凉，空气新鲜而湿润的状态，以利于金耳子实体的正常生长发育。

第五，封闭接种穴口用的医用胶布，不宜太大，也不宜太小，以比接种穴口大3毫米为宜，最多不超过5毫米。封口胶布太大，一是造成浪费，更重要的是，胶布太大，封口太紧，种耳不容易顶开。胶布太小，又造成封闭不紧、不严，给杂菌、害虫造成入侵的孔穴。过去，一般采用灭菌前先贴好封口胶布。实践证明，这样做有很大的毛病，先贴胶布的料袋，经过较长时间的高温高压或常温常压灭菌，胶布容易变质。已经变质的封口胶布，很容易脱落或者封闭不严实，容易造成杂菌污染，或使菌种失水变干。采用笔者将胶布贴在茶壶壁上的做法，能达到灭菌要求，边打穴，边接种，边封口，操作方便，效果良好。这样做，既不影响种耳长大时顶开，也不会造成杂菌污染、害虫侵袭和菌种失水变干。用过的胶布，还可以回收第二次再用。据查，过去和现在，很多科研和生产单位，都是采用前面的操作方法，这是值得改进的。

第五章　金耳的采收、加工和贮藏

第一节　采收的适期、方法和要点

采收适期的确定，对提高产品的产量、品质、风味和营养价值都有重要的意义。实验表明，当金耳子实体的正常生长发育，刚刚进入成熟初期，子实体的色泽最鲜艳，开瓣率最适中。这时，子实体菌体肥大，内部组织充实饱满，干物质重量大，含营养成分全而高。湿润时，表面滑腻，有光泽感，色、香、味最浓。每6千克鲜耳，风干、晒干或烘干后，可以收获1千克干耳，品质优良，上等率最高。成熟中后期，特别是老熟期采收，色、香、味、营养价值和干物重都明显降低，经风干、晒干或烘干后，产品不具备或不完全具备上述等级的特征，等级低，品质差。因此，要掌握好采收的适期，才能获得优质高产。

采收时，要用快刀和特制的采耳工具，贴耳基部平切而下，以不损伤耳脚、子实体不残留耳脚为原则。损伤耳脚，既影响新耳再生，子实体残留耳脚，又降低产品质量，降低销售等级，也影响食品加工和深加工。如果用手用力掰耳采耳，既容易损伤耳脚，又容易残留耳脚，既影响新耳再生，又降低产品品质。采耳留下的残部，凸凹不平，既不利于伤口愈合，又容易存留积水，诱发各种霉菌、害虫和腐败细菌感染，造成耳穴霉烂，不仅不能再出新耳，而且容易使病虫害顺孔而入，滋生蔓延，使整个菌袋和段木耳穴完全毁灭，成为病虫害滋生、繁殖和向四周扩大蔓延的基地。

第二节　金耳的食用、药用和加工

适期采收的金耳产品，最好是趁新鲜上市出售，鲜食比干食更有优越性，虽然金耳属于胶质菌类，不存在保鲜问题，不像很多肉质菌类，如平菇类、金针菇、双孢蘑菇、猴头菇等变干后的子实体，经济价值明显降低，甚至完全不能食用。新鲜的金耳，色、香、味、营养价值，总比干金耳要好。当然，不能趁新鲜上市出售的金耳，可以自然风干、晒干和烘干，但切忌采用柴火、炭火、烈火、烟火急速烘熏。山区耳农，由于生产条件所限，多半采用柴火、炭火、烟火甚至烈火急速烘熏，使金耳鲜艳的颜色丧失，变成污黄褐色甚至黑褐色，品质显著降低，形成焦耳和黑耳，有明显的烟熏气味。外商认为，这样的金耳，没有商品价值：一是不符合食品的卫生标准；二是色、香、味沦为等外品；三是营养价值降低，没有人愿意收购。因此，调制金耳干品，一定要特别注意保持金耳所特有的色、香、味。这三点是出口商品分等论价的重要依据。

自然风干和晒干，要求有平整光滑的水泥面场地，先打扫干净，四周要有挡风障和墙，防止灰尘、杂物与金耳子实体混杂。室内调制，也要有相应的地面场地，以自然风干为主，要有通风良好的设施。调制时，子实体要尽量散开，促进快速干燥，烘干要特别注意温度调节，先用 30℃～40℃的烘干低温，将子实体烘至五六成干，再逐渐升高温度，急速的高温处理，会明显降低产品的色、香、味，使原来的优质产品变劣。在金耳的生长季节，特别是山区的菇、耳农户，由于雨季来临，气候变化频繁，要趁晴天和大风天，尽量先自然晒干或风干，雨天来临前，再收集起来，用适宜的系列设备，加温烘干，要特别注意保持金耳产品所特有的色、香、味和营养价值。

用各种方法和设备调制好的金耳子实体干品，要趁干装入塑料食品袋内密封，力求保藏在低温、干燥、通风良好、无病虫害感染的贮藏室内，保持好金耳应有的等级和品质。

金耳的中大型子实体，可以直接食用或药用。市场销售后，多余的产品，应充分发挥食品、医药、轻化工业加工的技术优势，将金耳子实体甚至是菌糠菌丝体加工研制成各种各样的系列食品、药品、美容化妆品和菌物高效广谱培养基的备用原料。目前，由于金耳的产品大面积生产尚处在“新生事物”阶段，加工部门还远远跟不上金耳大面积生产的需要，只能简单地按照银耳类生产甜食品罐头的常规方法，将金耳子实体调制成单一型的甜食品罐头，使营养丰富、食药兼用的金耳，不能充分造福于人类。近年来，一些科研单位和大专院校，已对金耳的食品和药效进行加工、深加工和临床研究，并获得了一些可喜的成就。由此可见，金耳的食、药价值是很有潜力的。

长期以来，传统的银耳甜食品罐头和金耳甜食品罐头，除加工部门专业化生产经营外，广大群众都可以自产自销。具体做法是：将新鲜的金耳子实体，用清水洗净，干耳要先用清水泡开，色、香、味与新鲜金耳子实体近似；然后，用刀切成或大或小的耳块，也可以用手撕成或大或小的耳块，加 3～5 倍的清水，放入适量冰糖或白糖，煮沸 15～20 分钟。根据各人的口感要求，适当掌握煮沸的时间。一般来说，年青人喜欢吃脆一些，老年人喜欢吃软一些。金耳的子实体，也可以生吃、凉拌。煮沸的金耳，待稍稍冷却后，即可进食。

在酷暑高温季节，可以在金耳食品中加入各种调味的滋补食品，制成各种冷饮甜食，保存在家用电冰箱和制冷库内，供应市场，随取随食。

近年来，将金耳调制成宾馆、喜宴酒席上食用的“金耳西米冻糕”，是一种值得推荐的食法。调制时，先用适量淀粉与蛋清调成糊状，再加适量清水，充分调匀至筷子可以在蛋清糊中直立为度，经加热煮沸后，注入多种形状的模型容器，待充分冷却凝固后，就制成洁白、滑腻、富于营养价值的“西米冻糕”。为了增进食欲，增强美感，丰富营养，再加入洗净撕碎或切成小块的鲜橙色金耳，鲜黄色菠萝，洁白色荔枝，鲜红色樱桃，调制成颜色鲜艳、气味清香、食味鲜美而凉爽的中西式冷饮菜点。这是云南省颇有传统特色的地方风味高级宴饮，很受中外嘉宾赞赏。

由于金耳属于胶质菌类，菌体肥厚、组织细腻，容易加工和保藏。干品保藏可以采用黑包装、低温（−10℃左右）冷藏法，这样，可以较长时间保持金耳的鲜橙色不变，随食随取。急用时，用热水或温水浸泡；不急用时，用冷水浸泡，子实体都能较快恢复原状，色、香、味、营养成分都与鲜耳近似。

封闭式培养出耳的洁白色脑耳，经电磨搅动，很容易磨成均匀的洁白色糊状。加冷水搅动，粘稠度变小，加热水搅动，粘稠度增大。加入冷水，容易稀释，加热或加入热水，又容易变粘稠。冷却后变凉爽，比重小，可逆性大，与面浆、白糖、果酱、香精等各种添加食品容易均匀混合。这些特性，对于加工调制各种相应的白色食品、保健药物食品、菌类高效广谱培养基、护肤美容霜、美容膏等高级化妆品，有一定的参考价值。

目前，由于各种系列食品、保健药物食品、培养基、美容霜的加工和深加工，尚未打开市场销路，笔者不便广泛发动菇耳农户大规模种植金耳。因此，金耳产品未能广泛上市供应。物以稀为贵，每千克干品最高市场价格达到 340 元，一般价格保持在 80～260 元不等；按 6 千克鲜耳晒干能得到 1 千克干耳计算，鲜品售价每千克 26.7～56 元。除主产地区货源较多外，绝大部分地区金耳产品尚属空白。只要金耳产品能够畅销，产品生产问题比较容易解决。多年来，笔者致力于开发系列食品和药物，与有关单位协作，初步摸索了金耳系列食品的加工和保藏。据轻工业、食品工业和药物研制部门的初步研制，白色脑耳因胶质细腻、洁白润滑、气味清香，可由工业部门研制成各种规格的护肤美容化妆品，具有滑润皮肤、美化皮肤、改善皮肤的功效。据食品工业部门预测和研制，金耳因营养成分全、含量较高，食药兼用，无毒、无副作用，可以由医药、食品工业部门加工研制成各种保健饮料和系列保健营养食品。

近年来，经初步调制，已经上市或即将上市的新型产品有：风味食品、酒类、各式糕点、汤菜烹调、保健药物食品、轻化工业化妆品、金耳下脚料菌类高效广谱培养基等。

一、风味食品、饮料、保健食品和药酒类

（一）金耳琼浆饮料　1993 年，由华东师范大学生物系生物制品中心研制而成，为上海市科委立项资助项目，产品已通过技术鉴定，供应市场试销和医院临床鉴定。

（二）金耳柠檬清凉饮料　取新鲜金耳 100 克，用清水洗净，撕碎或切碎，加清水 200 毫升，煎煮成 50 毫升的浓缩饮料，加凉开水 500 毫升稀释，加入 2～3 个柠檬榨汁，白糖或冰糖 150 克，香精 1～2 滴，在冰箱或冷库内保藏。酷暑季节上市，作为清凉饮料供应市场。

（三）金耳甜粥食品　将新鲜金耳用清水洗净撕碎，煮成浓缩饮料，加凉开水适量稀释，随食随取，拌入甜粥、八宝粥等食品内食用。

（四）金耳调糕藕粉　同样调制成金耳浓缩饮料，经适当

稀释后，随食随取，拌入调糕藕粉中食用。

（五）金耳果酱 取新鲜金耳100克，用清水洗净，加入清水500毫升，煮成250毫升的浓缩饮料，取10毫升原液，加入各种果肉200克，白糖300克，香精2滴，清水500毫升。先将各种水果去皮、去核，捣成泥状，再将全部材料，加水充分混合拌匀，装入罐头瓶内，封口灭菌而成。

（六）金耳奶晶食品 提取金耳子实体浓缩浆液5%，全脂奶粉5.2%，葡萄糖粉3%，甜炼乳43%，奶油2.2%，蛋粉0.8%，砂糖21.2%，麦芽糊精19.2%，小苏打0.2%，柠檬酸0.002%，香精适量，混合调制成浓缩食品、烘干。

（七）金耳软糖 取金耳干粉5千克，白糖30千克，80度葡萄糖浆61千克，食用色素3.2克，柠檬酸适量，琼脂4千克，水40升左右调制。

（八）金耳果冻 琼脂20克，水1000毫升，煮沸溶化后，取金耳子实体1千克，切碎煮沸成粘稠状。栗子20克，加清水100毫升，煮沸去残渣，浓缩至50毫升，与溶化的琼脂混合均匀，冷却后，切片切块而成。

（九）金耳红枣 取干金耳5克，用水浸泡，取大红枣10个，白糖20克，与金耳共煮1小时左右，待红枣煮烂而成。

（十）金耳百合 取干金耳6克，用水浸泡，取百合10克，白糖20克，与金耳共煮，待百合煮软发烂而成。

（十一）金耳鲜莲汤 取干金耳10克，鲜莲子30克，清鸡汤1.5千克，将金耳用开水浸泡后，加清鸡汤150克煮沸，另将鲜莲子剥壳去芯，用开水浸泡，烧开清鸡汤，加入食盐、味精少量，将莲子、金耳放入碗内，加入清汤饮用。

（十二）金耳桂圆汤 取用清水浸泡发开的金耳240克，杏仁15克，桂圆肉15克，荸荠750克。先将荸荠去皮，切片，在砂锅中加水熬煎取汁，将杏仁在碱水中煮15分钟，金耳在开水中煮片刻，加入清汤、姜、葱、料酒、盐，蒸45分钟，放入桂圆、杏仁，再蒸15分钟，加入白糖，调拌均匀而成。

（十三）**三耳汤** 取干金耳、银耳和木耳各10克，用温水浸泡洗净，放入大号碗中，加清水、冰糖适量，放入蒸锅中，隔水蒸1小时，每天吃2次，可治疗血管硬化、高血压和眼底出血等症。

（十四）**金耳茶** 取茶叶5克，金耳2克，冰糖25克，先将金耳洗净去蒂，泡2小时，切成小块，加入冰糖和清水适量，在锅中煮沸至烂，掺入茶叶而成，供饮用。具有滋补、强精、润肺、补胃等功效。

（十五）**金耳百合粥** 取金耳干品5克，用清水浸泡洗净，另取百合15克，粳米100克，将百合碾成粉状，与粳米同煮，刚熟时加入金耳和冰糖适量，继续煮熟食用。具有润肺止咳、养心安神，治疗老年慢性气管炎、肺热、肺燥干咳、神经衰弱、肺结核的功效。

（十六）**金耳药酒** 取金耳干品30克，用清水浸泡洗净后，将金耳浸泡入500毫升的白酒中，加入冰糖250克，浸泡3个月后，每日服2次，每次20毫升。用于治疗久咳络伤，产后虚弱，大便秘结，大便下血等症。

（十七）**金耳糊** 取金耳干品5克，用温水浸泡后，用砂锅炖成糊状，每晚睡前服用，用于治疗血管硬化和高血压、眼底出血等症。

（十八）**冰糖金耳糊** 取金耳干品3～4克，用温水浸泡1～2小时，用砂锅炖成糊状，加适量冰糖服用。日服2次，用于治疗肺热咳嗽、久咳喉痒、咳痰带血、久咳伤络、肺痈、肺痿、产后虚弱、肺热、胃炎、大便秘结、大便下血等症。

(十九)白糖金耳糊　取金耳干品 3～5 克,用温水浸泡 12 小时左右,用适量开水煮沸 10～15 分钟,再用小火炖成糊状,加白糖适量,连服 10 天,停 2～3 天后再服。用于治疗肺结核、感冒咳嗽、痰多、气喘和高血压等症。

(二十)金耳挂丝晶酒　由昆明食用菌研究所助理研究员罗星野研制而成。取金耳鲜品或干品用清水洗净后,用普通白糖适量,在广口瓶或标本瓶内用酒长期浸泡,制成挂丝晶酒。浸泡时间越长,挂丝量也越多,酒呈晶状透明。适量饮用,能滋补健身,预防疾病。对咳嗽、气喘、痰多有较好的疗效。

(二十一)金耳蜂王浆补剂　取金耳干品 100 克,加清水 500 毫升,煎成 300 毫升的浓缩浆液,在每1 000毫升的蜂王浆内,加入金耳浓缩浆液 100 毫升配制而成。

(二十二)金耳胶囊补剂　将金耳洗净,加适量水,煮沸成浓缩浆液后,用烘箱烘干,磨制成粉状,按干物质剂量测试后,装入胶囊内,便于携带和食用。

(二十三)增白润肤羹　取金耳(白色脑耳)10～15 克,洗净泡开,再取大红枣 10 克、洗净,用文火将金耳和大红枣煎成粘稠状,加适量白糖食用。隔日服用 1 次,能补肾益胃,养气血,润肌肤。也可将大红枣改为枸杞 25 克,文火煎金耳和枸杞成粘稠状,加糖食用,也有同样的功效。

(二十四)增白润肤膏　取金耳 500 克,人参 450 克,茯苓(研成粉末)560 克,生地 5 千克,蜂蜜 2.5 千克。调制时,先将生地捣烂取汁和金耳、蜂蜜共煮,再加入人参和茯苓末熬制成膏。每日服一匙,白开水送下,能益气、养心肺,润泽肌肤。

以上六至十九,系参考李志超等,1997 年编著《食药用菌生产与消费指南》,银耳部分食用配方,经初步试制而成。

二、各式中、西糕点

制作中、西式糕点，采用封闭式培养的中大型白色脑耳为主要原料，用电磨搅动成洁白色细腻而均匀的糊状。笔者与糕点厂协作用这样的金耳糊作原料，调制成多种中、西式糕点，经上市销售，又经昆明食用菌研究所检验，认为调制方式、规格、食味、营养价值等均合乎要求，可以批量加工生产，投入市场。初次试制的各类品种有：①金耳奶油蛋糕、金耳西式蛋糕和普通蛋糕；②金耳夹心面包、金耳牛角面包和普通面包；③金耳蛋清饼、金耳夹心饼、金耳火腿饼；④金耳金钱酥、金耳口酥、金耳桃酥、金耳核桃酥。

三、肉制品汤菜烹调

将橙黄色金耳和白色脑耳，分别加入各种家常烹调中品尝比较，下列几种吃法可以推荐。

(一)肉汤炖金耳 将金耳适量，用清水洗净后，加入已经煮烂的排骨汤或鸡汤中，用小火再炖半小时，即可食用。

(二)凉拌金耳 将新鲜的橙黄色金耳撕成小块，清水洗净后，加入味精，甜酱油，油辣椒、香菜、芝麻油、食盐适量，拌均匀后食用。

(三)金耳火锅 在多种类型的火锅中，将新鲜金耳用手撕成小块，用清水洗净后投入火锅内共煮。根据各人的口感要求，适当掌握煮沸的时间，边煮边食用。

(四)金耳炒肉片青椒 将新鲜金耳或泡开的金耳，切成碎耳或小耳，加入已炒好八成的肉片青椒中，再炒拌片刻，即可食用。

(五)金耳砂锅豆腐 将砂锅豆腐煮八成熟，加入手撕或切块的金耳，再煮沸10分钟即可食用。

四、轻工化妆美容品

部分参考李志超等1997年编著的《食药用菌生产与消费指南》中的美容和化妆品的部分配方试制。

(一)金耳雪花膏 先将金耳制成金耳甘油，即取白色脑耳干品5克，浸入95毫升60%的甘油中，浸泡1周)；而后取金耳甘油15%，碳酸氢钠5%，乙醇10%，水20%，硬脂酸50%。调制时，将碳酸氢钠加入水中，加热至80℃左右，搅拌溶化，再加入乙醇和金耳甘油，搅拌均匀，保持在80℃左右，把硬脂酸加热到80℃左右，熔化后，边搅拌，边慢慢加入碳酸氢钠水溶液，沿一个方向搅拌，直到成乳白色软膏，待温度降至40℃时，加入茉莉香精，搅拌均匀后，即可装瓶使用。

(二)增白护肤油 取金耳(白色脑耳)干品5克，浸入95毫升60%的甘油中，1周后用它涂擦脸面，能对面部肌肉护肤增白。

五、金耳下脚料菌类广谱培养基研制

详见第四章第五节金耳母种培养基的选择和调制。

第六章 金耳的病虫害及其防治

各种食用菌、药用菌的病害和虫害，被一般科技工作者、生产、经营者认为是“大敌”，轻则影响正常的生长和发育，使科技工作和生产管理不能正常进行，造成干扰和减产，重则使科技工作和大面积生产归于失败。

笔者从事菌物和食、药用菌科技工作46年，可以说是经常和多种菌物的病虫害特别是病害在打交道，从实践中深深感到，自然界中，各种病害和虫害的种类、数量确实多得惊人。以病害而言，有的属于寄生性病原真菌、细菌、放线菌和病毒，能直接危害各种菌物（包括各种食用菌和药用菌）菌丝体和子实体的正常生长发育，轻者造成伤害，重则致死。有的属于腐生菌类，只能危害濒死或已死的菌物和残体，有的又介于寄生和腐生菌类之间，称为兼性寄生菌或兼性腐生菌。凡是对食、药用菌危害极为严重的病害，统统称为毁灭性病害。从危害的方式而言，有的病原菌能直接侵害菌物的菌丝体和子实体，有的病原菌，虽然不能直接侵害食、药用菌的菌丝体和子实体，但却能够分泌多种“毒素”，抑制或干扰食、药用菌的正常生长发育，属于这种危害方式的病害，统统称为干扰性病害。有些病原菌感染食、药用菌的培养基物后，生长、繁殖很快，将培养基物的营养源大量吸收利用，使食、药用菌处于饥饿状态，生长发育很快居于劣势。这类病害，也称做干扰性或竞争性病害。它们都不同程度直接或间接威胁着食、药用菌的正常生长。

第一节　常见的病害种类

一、真菌病害

常见的病原菌，多半属于真菌，其次是细菌、粘菌和放线菌，病毒比较少见。危害较严重的真菌病害，有多种多样的霉菌，例如：毛霉（Mucor）、根霉（Rhizopus）、曲霉（Aspergillus）、链孢霉（Monilia）、交链孢霉（Alternaria）、青霉（Penicillium)、毛壳霉(Chaetomium)、枝霉(Thamnidium)、木霉(Trichoderma)、镰孢霉(Fusarium)等。

毛霉和根霉

用肉眼直观鉴别，毛霉和根霉的形态近似，菌丝体生长发育极快，初生呈白色或灰白色，形成长毛状，于菌丝尖端生成肉眼可见的黑色小颗粒体，这就是病原菌的孢子囊，孢子囊中包藏着大量孢子，成熟后孢子囊破裂，大量孢子随风和空气流动，并远距离传播。孢子对环境的适应性很强，空气湿度大，室内通风不良，特别容易大发生。它是菌种生产期、耳房出耳期中危害金耳菌丝体和子实体的大敌。

木　霉

木霉，最常见的有绿色木霉。菌丝体初生呈白色菌落，生长发育迅速，菌落中央颜色迅速变深绿色，从中央向外颜色渐淡，边缘呈白色，后期完全变成深绿色，故称绿色木霉。严重时，将培养基全部染成墨绿色。性喜高温高湿和室内通风不良的环境。属于干扰性、竞争性或毁灭性病害。也是菌种生产期、代料栽培出耳期，严重危害金耳菌丝体和子实体的大敌。

曲　霉

曲霉种类甚多，菌丝体初生呈白色，但很快就变成黑色，或黄色、或红色、或棕黄色。菌丝变黑色的，称做黑曲霉；菌丝变黄色的，称做黄曲霉；菌丝变红色的，称做红曲霉。这是一类很顽固的竞争性或毁灭性病害。它性喜高温高湿和通风不良的环境，在适宜的环境条件下能够大量滋生繁殖，气生菌丝旺盛，能迅速分化，形成分生孢子梗。孢子梗顶端，形成大球形的顶囊，由辐射状的小梗组成，小梗顶端，形成分生孢子链，大量的分生孢子，存在于空气中，随风和空气流动，并远距离传播。

青　霉

青霉的种类也很多，在大自然中广为传布，菌丝体初生呈白色，逐渐变成青绿色、灰绿色、蓝绿色，分生孢子梗分枝再分枝，顶端形成分生孢子链，是一大类常见的竞争性或毁灭性病害。它性喜高温、高湿，在培养基上不仅能分泌多种“毒素”毒害金耳的菌丝体和子实体，同时大量争夺金耳的养分，使金耳二型菌丝体处于严重的饥饿状态，也是菌种生产期、出耳期，甚至贮藏加工期常见的一类大敌。

交链孢霉

交链孢霉，是一类分布广，生长十分迅速，借助于空气传播的毁灭性病害。其无性时期属链孢霉属(Monilia)。早期，被列入半知菌类，丛梗孢属。后期发现其有性世代能产生子囊和子囊孢子，在自然界中普遍存在，发生在粪上，故归入子囊菌纲，粪壳霉目，粪壳霉科，脉孢霉属。它性喜高温，在琼脂和谷粒培养基上生长十分迅速。分生孢子阶段，通常呈鲜艳的红色或粉红色，菌丝体初期呈白色，中后期变成粉红色。形态和危害性与交链孢霉类似，惟交链孢霉的菌丝菌落呈黑色或灰黑色，分生孢子也呈黑色。它们多发生在料袋和菌瓶中，对金耳的二型菌丝体，威胁极大，也能造成毁灭性的损失，一旦发生，很难消灭。不仅能发生在菌种生长期和出耳期，也能发生在产品贮藏期和加工期。病菌孢子在空气中大量存在。

此外，毛壳霉、枝霉和镰孢霉菌，多发生在琼脂类和谷粒类制成的培养基上，借助于空气、土壤、谷粒传播，主要危害菌种生产期的菌丝体和子实体。

以上各种霉菌，以其特有的黑色、绿色、青色、黄色、红色、粉红色、灰绿色、蓝绿色菌丝体或子实体，而明显区别于金耳及各种食、药用菌的菌丝体。金耳型菌丝体和金耳型与革菌型适当搭配的二型菌丝体，自始至终都呈白色，只有金耳的劣质菌种，当毛韧革菌菌丝体旺盛生长，占据绝对优势，基面菌丝体，分化形成革菌原基和子实体时，才部分呈淡黄褐色至黄褐色。从病害概念上认识，这样的毛韧革菌，也是金耳有效优良菌种的一种竞争性病原菌。它以绝对的生长发育优势，大量争夺金耳培养基内所有的营养物质，使金耳型菌丝体完全不能生长。因此，借助于有害菌类和有益菌类所固有的颜色差别，很容易鉴别是否存在杂菌污染。除了根据菌丝体的颜色差别进行鉴别外，各种霉菌的分泌物或代谢产物，气味都十分难闻，有一股刺鼻的特殊臭味，而有益菌类的菌丝菌种和子实体，普遍都有一股可食蘑菇类的芳香气味。这样，就能轻而易举地把有害杂菌和有益菇耳分开。只要及时采取适当的防治方法，也不难杜绝或减轻病菌危害，关键是要很好地掌握各种霉菌的发生和发展规律（详见后面的综合防治措施）。

二、细菌和酵母菌病害

除上述的各类霉菌外，也常常会发生各类细菌和酵母菌引起的病害。

常见的细菌性病害有枯草杆菌[Bacillus subtilis (Ehrenberg) Cohn]、蕈状芽胞杆菌（Bacillus subtillus var. mycoides)、假单胞菌（Pseudomonas tolaasii Paine）中的菇、耳类假单胞菌（Pseudomonasagarici Young）、恶臭假单胞菌[Pseudomonas putida (Trevisan) Migual]、芽胞杆菌（Bacillus Spp.)等。

常见的酵母类真菌病害有酵母病(Saccharomyces)、红酵母病(Rhodotorula)等。无论是细菌性病害或酵母类真菌病害,多半发生在琼脂类的母种培养基上,形成各种类型和颜色的菌落。生长十分迅速,在适宜的生长条件下,自分离培养或转接扩接母种后20～28小时,即能出现细小的菌落。如果培养基面没有积水,菌落呈圆形,凸起呈弧状,乳白色、淡黄白色、黄色、淡红色至红色,菌液呈粘稠状,如果培养基面有冷凝水,菌液则沿水迹迅速发展,形成条块状、弧状、片状或不规则形状。各种菌落,容易使培养基质变色、酸化,散发出各种难味的酸味、臭味、怪味。在培养原种和栽培种的代用料培养基内,由于有一定的含水量,如果上述细菌、酵母菌污染的母种,接入菌种瓶(袋),这些细菌和酵母菌,也能大量生长、繁殖。它不仅争夺培养基内的各种营养物质,使金耳菌种,不能正常生长到完全不能生长。轻则形成拮抗状态,菌种瓶(袋)上出现大小不等、规则或不规则的拮抗斑,打开瓶(袋)时普遍有各种刺鼻的怪味散发出来。这样的菌种,完全不能使用。

属于竞争性的真菌病害,还可以列举很多,例如:在笔者开始驯化培养金耳初期,由于没有完全掌握好金耳的生长发育规律,除发生上述各种病菌的严重污染外,也常常发生前面提到的各种腐生性木材腐朽菌类(详见第三章第一节金耳的伴生菌)。这些腐生性的木材腐朽菌,由于生活力都比单一型的金耳型菌丝体要强得多,如果不能控制好有亲和性伴生毛韧革菌对金耳型菌丝体生长发育、定植的友好帮助,这些腐生性的木腐菌,就会趁虚而入,与金耳型菌丝体争夺营养物质,使金耳型菌丝完全不能生长、定植。

第二节　常见的主要虫害和鼠害

为害金耳的害虫种类也不少。这些害虫，有的体型很小，不易识别，例如跳虫、线虫和螨类、蝇类；有的白天潜伏，黑夜出来活动，例如蛞蝓，不仅直接咬啮菌物的营养体和繁殖体，而且使营养生长的菌丝体不能正常生长发育，甚至死亡。它们使各种孢子繁殖的子实体变形、变质，甚至腐烂，还随身携带和传播各种病菌，成为传播病菌的媒介。

跳　虫

用肉眼仔细观察，跳虫是一种体型很小的昆虫。幼虫体呈白色，成虫灰蓝色，能十分灵活地跳动，繁殖率很高，在跳虫大量发生的出耳房内，幼虫和成虫都能大量咬食菌丝体和子实体，严重影响菌丝体和子实体的正常生长，使菌丝体萎缩，不能发育，甚至死亡，使子实体变形、变质，甚至腐烂。

线　虫

线虫也是一种体型很小的害虫。形状近似蚯蚓，肉眼很难识别，繁殖迅速。在空气相对湿度大，和通风透气不良的环境条件下，有利于线虫的大发生。由于线虫体积甚小，钻入菌料，或钻入耳穴、耳基、耳缝，蛀食菌丝体和子实体。严重影响菌丝体和子实体的正常生长，使菌丝体生长发育不良，甚至萎缩死亡，使子实体变形、变质腐烂，促进或诱发病菌的感染和危害。

螨类和蝇类

螨类和蝇类，都是体型很小的害虫。由于体型很小，很容易侵入耳体，繁殖率也很高。螨类，主要咬食金耳的菌丝体，蝇类既为害菌丝体，又为害子实体。都可携带和传播各种病菌，严重影响菌丝体和子实体的正常生长。

蛞　蝓

蛞蝓体型较大，是一种软体动物。性喜阴湿。如果耳房棚内空气相对湿度很大，常有积水，或通风透气不良，这种软体型的动物就会大量发生。多聚集在阴暗、潮湿的菌瓶、菌袋内外和出耳段木干上，咬食菌丝、菌料和湿润的子实体，影响菌丝体和子实体的正常生长发育。

鼠　害

食用菌制种、生产，多半是在一楼和简易平房内进行。在老鼠大量生长、繁殖的出耳房内，颜色鲜艳的金耳子实体，老鼠虽然不敢啮食，但对刚刚打开瓶、袋口的白色脑耳菌料，鼠类常常夜出啮食。更严重的是，刚刚接种培养的大批菌瓶和菌袋，常常被老鼠将瓶口、袋口甚至整个菌袋咬破，导致大批菌瓶菌袋污染霉菌而报废，严重影响科研活动和大面积生产，造成严重损失。

第三节　病虫害的综合性防治

根据笔者长期的实践和摸索，菌物病虫害的种类虽然很多，分布很广，危害十分严重，但是，只要对各种病害和虫害的生长发育条件，形态特征，流行规律，有比较明确的认识，正确掌握病虫害的防治原理和防治方法，就能够达到基本上控制和减少各种病原微生物和害虫的为害，使各种病虫害不至于造成灾害。

要认识各种病害和虫害，首先要善于掌握各种病原菌和害虫的共性和个性特点，例如，首先认识到各种霉菌，以其特有的黑色、绿色、青色、黄色、红色、粉红色菌丝体和子实体特征而明显地区别于金耳和各种食药兼用菌。金耳和各种有益菌类的菌丝体通常呈白色或洁白色，只有极少数种类稍有例外。

就金耳菌种而言，只有当毛韧革菌的菌丝体旺盛生长，占据绝对优势，基面菌丝体刚刚开始分化形成子实体时，菌丝体才呈淡黄褐色至黄褐色。所以，鉴别金耳等食、药用菌，是否遭受各种霉菌污染，用以上颜色特征为依据，是比较可靠的。除根据颜色鉴别外，各种霉菌分泌物的气味都十分难闻，有一股刺鼻的特殊臭味或各种怪味。鉴别病原细菌和酵母菌类也是这样，在琼脂培养基上，有各种颜色和粘稠状的菌落，气味也十分难闻，有酸味、臭味或其他怪味。在代用料培养基内，由于病原细菌和酵母菌的存在，使金耳等菌丝体不能正常生长发育，在基质表面出现各种类型的拮抗病斑等。对于这些可恶的病菌和害虫，要本着治早、治少、治了的原则，把病害和虫害尽早消灭在萌芽状态。不然，一旦病虫害已经迅速扩展、蔓延成灾，再行治疗，就既无成效，也毫无经济价值。

数十年来，科学家们普遍认为，对待病虫害最有效的防治途径是“以防为主，防重于治”。实践证明，只要在金耳等有益菌类的整个生长发育期内，随时随地突出一个“防”字，就能杜绝或减少各种病虫害的发生发展和流行。以病害为例，一种或多种病害的发生和流行，必须具备寄主、病原菌、环境条件3个环节。这就是说，当各种环境因素对寄主的生长发育不适宜，而对病原菌的生长发育很适宜的情况下，一种或多种病害，不仅容易发生和发展，而且会迅速地酿成灾害。与此相反，则不利于一种或多种病害发生和流行。各种害虫的发生和流行规律也是这样。现以金耳为例，具体说明如下。

笔者从事金耳开发研究的最初阶段，由于对金耳的生长发育条件、金耳型和毛韧革菌型双重菌丝体的自然搭配，以及金耳的生物学、生态学、生理学等各个方面都认识不足，病虫害的发生，是相当严重的。不仅种类很多，数量也相当惊人，用野生金耳分离培养母种，几乎多批次都被各种杂菌污染而全部报废。随着工作的深入和发展，逐渐掌握了金耳的生长发育特点和规律，从各个工作、生产环节上控制和预防病虫害的发生，各种病虫害发生的频率越来越低，程度也越来越轻，就是明显的例证。与此相反，笔者采用高温高压灭菌法，专门测试人工诱发的各种霉菌，促使形成抗高温高压的厚垣孢子，用人工诱发的各种病原细菌，促使形成抗高温高压的芽孢。测试结果表明，高温高压灭菌法，无论对容易产生厚垣孢子的各种霉菌，或容易产生芽胞的各种病原细菌，都很难彻底杀灭。经过高温高压灭菌 0.5～3 小时的霉菌厚垣孢子和细菌芽胞菌种瓶，在室温（20℃±3℃）遮光条件下静置，16～38 天后检查，霉菌厚垣孢子和细菌芽胞的复活率，仍有 68.3%～80.8%，说明采用单纯的高温高压灭菌，并不能完全、彻底消灭病原霉菌的厚垣孢子和细菌芽胞。那么，为什么金耳开发工作的中后期，各种病虫灾害的发生频率和危害程度会越来越轻呢？主要有以下几方面的原因。

一、选育抗病良种

选育抗病良种，是从根本上培育金耳菌种的优良种性。不断选育的良种，生活力很强，抗污染、抗逆性明显优于一般菌种。由于优良种耳耳块及其菌料接入母种，特别是在原种和栽培种的培养基上，能够很快恢复生长，在基质表面定植。二型菌丝体能很快地生长蔓延，种耳也能很快长大，形成幼耳、中大型脑耳。这样的良种，与各种霉菌和细菌，都具有旺盛的竞争优势，即使高温高压灭菌不彻底，基质内存在少量杂菌的潜伏性感染，在良种耳块迅速生长发育的情况下，被高温高压杀伤未死的潜伏杂菌，虽然复活未死，但处于明显的抑制状态，更不可能生长发育，造成危害。笔者认为，选育抗病虫性强的良种，不仅是保证获得高产稳产的先决条件，也是预防病虫灾害的根本途径。有了抗病性、抗污染、抗侵袭、抗逆性强的金耳良种，再加上其他综合性预防措施的紧密配合，就能使各种病虫害，降低到最低限度，甚至从根本上消除病虫危害。

二、加强生态、生理防治

选育抗病、抗虫良种，实际上属于生物防治的一种重要手段。有了生物防治病虫害的良好基础，再加强生态、生理防治的配合，就更能显示出抗病虫良种的绝对优势。所谓生态、生理防治，就是要致力研究寄主（金耳）和各种病原菌、害虫的最佳和不利的生态环境和生理因素。研究的目的，就是要使人工控制条件下的生态环境和生理因素（包括温度、湿度、酸碱度、光照度、通风透气度、基质营养类型，与金耳友好的有亲和性的伴生毛韧革菌和其他伴生菌，以及各地区的时间和空间差异等）要尽可能有利于金耳菌丝体和子实体的正常生长和发育，而不利于各种病虫害的生长发育和流行。属于金耳和各种病虫害的最佳生态环境和生理因素，前面已经较详细地论述过，说到底，就是要随时随地为金耳的正常生长发育，尽可能创造最有利的生长发育环境和生理因素，使已经获得的有效优良种耳和菌料，在良好的生长发育条件下，不断健壮成长，以最快的生长发育速度和最短的菌龄，迅速完成其生长发育循环。这就是前面着重提到的，采用良种、良法，严格按照制种、栽培技术规范和工艺流程，大面积栽培金耳，就能够持续、稳定地获得高产稳产。没有病、虫灾害的干扰和破坏，丰产才能丰收。属于控制和利用的生态环境和生理因素的内容很多，不再一一列举。

很多病原真菌、细菌和害虫，都喜欢高温、高湿和通风不良的生态环境，生长繁殖力极强，个体都很微小，大量存在于空气中，借助于风和空气的流动，远距离传播。而金耳的正常生长发育，在培养菌种阶段，高温（25℃以上）不仅对各种病原真菌、细菌和害虫的生长发育和大量滋生、繁殖有利，而且也加速金耳二型菌丝体中毛韧革菌型菌丝体的旺盛生长。这对培育金耳良种的优良种性十分不利，会使已经获得的金耳良种，种性变劣；到了金耳出耳阶段，持续的高温，更不利于金耳子实体的正常生长，容易导致各种病虫灾害的流行。因此，无论是培养金耳的有效优良菌种，还是开放式出耳的初期，都要控制室内温、湿度，温度宜低（18℃～23℃±3℃）不宜高，湿度宜轻不宜重。适当的低温、低湿，不仅有利于金耳二型菌丝体的良好生长和发育，还能增强金耳二型菌丝和幼耳的抗病性、抗虫性和抗逆性，有效控制各种病原真菌、细菌、害虫以及金耳耳友毛韧革菌的旺盛生长和滋生、繁殖。再从湿度和通风透气度方面进行比较，金耳菌种的生长发育，虽然包含着菌丝体和子实体两种不同生长发育阶段的培养性状，但是，封闭式培养和出耳的母种，原种和栽培种，都不需要较高的温度，更不需要很高的湿度，也不需要开瓶通风透气。只要菌种的种性优良，封闭式培养出耳，并不影响有效优良母种、原种和继代复制有效优良原种、栽培种的健壮生长。事实上，严格按照制种技术规范和工艺流程制作的母种、原种、继代复制原种和栽培种，在封闭式培养出耳的条件下，既有利于金耳的生长发育，又不利于各种病虫害的入侵和繁殖。到了开瓶开袋，适当通风、透气，保湿、降温的出耳阶段初期，无论生殖菌丝体的分化、耳芽或幼耳的形成和成长、子实体开始由白色变成淡黄色、耳瓣开始分化和形成，都只需要有略高于干培养室的空气相对湿度和通风透气度，使刚刚开瓶开袋出耳的菌丝体和子实体，对环境条件有一个逐渐适应和锻炼的过程。只要能使耳芽和幼耳处于湿润不干的状态，就能促进耳芽和幼耳的正常成长。随着耳芽和幼耳的继续成长，适当加大喷水量和通风透气度，地上、空间、墙壁适当多喷重喷，覆盖菌瓶(袋)的报纸上适当少喷、勤喷、轻喷、细喷。这样的生态环境，对多种病虫害的入侵、滋生和繁殖，并不十分有利，而对开瓶出耳的幼耳却十分有利。

如果菌种瓶(袋)刚刚从干培养室移到湿培养室开瓶开袋出耳，就突然加大喷水量和通风量，将水直接喷向瓶口、袋口和接种穴口，不仅不利于耳芽和幼耳成长，还促进多种病虫的侵袭和大量滋生繁殖，诱发多种病虫危害。

总之，只要随时随地严格掌握和控制好有利于金耳生长发育的生态环境和各种生理因素，很好利用不利于病虫发生、发展的各种生态和生理因素，就能有效地杜绝各种病虫害。即使局部轻度发生，也不会造成毁灭性的损失。

以上两点，属于积极、主动的预防性措施，各地生产、加工、贮藏部门要高度重视，认真贯彻和实施。

三、物理、化学防治

物理、化学防治，是在前面两项措施的基础上的一种加强或必要手段。

（一）物理防治 制作金耳菌种的各种代用培养料和琼脂类培养基，通常采用高温高压或常温常压灭菌，属于物理方法的防治手段，也是防治病虫害的一项必要措施。各种病害的病菌孢子，害虫的虫体和虫卵，特别是很多病原真菌和细菌，都能形成抗不良环境的厚垣孢子和细菌芽胞，不仅大量存在于空气和各种媒介物中，也存在于各种代用培养料、用具、水源和土壤中。如果不采用物理方法灭菌，而只是采用生料栽培特别是制作菌种，各种病虫害就一定会流行成灾，达到无法收拾的地步。经过高温高压和常温常压灭菌的代用培养料和各种媒介物，就能有效地杀灭绝大多数真菌孢子和害虫的虫体、虫卵。使金耳在没有病菌和虫体、虫卵大量存在的培养基上良好地培养，减免多种有害生物的干扰和破坏。除高温、高压和常温常压灭菌外，也常常采用太阳光和紫外线灯照射灭菌法。利用太阳光和紫外线灯的紫外线，杀灭各种病菌和害虫。在干旱和少雨季节，利用太阳光，强烈照晒各种培养料和各种备品、工具、各种污染物，都能达到一定的消毒灭菌效果，也是很好的物理防治方法。

（二）化学防治 属于化学防治手段，要以预防为主，防重于治。用来防治病虫害的各种化学物质，要选择低毒高效的种类，要禁止使用高剂量的极毒药品。人工培养的食、药用菌，都是用来作为食品和保健药物的，因此要严防菌丝体和子实体受化学药物污染。例如，只能采用福尔马林熏蒸消毒培养料、培养室、无菌室。熏蒸消毒培养料，要先用覆盖物和塑料薄膜，覆盖严实，熏蒸后，要充分散发药味，才能调制使用。消毒灭菌培养室、无菌箱、无菌室，要关闭门窗，以密闭为原则，熏蒸后，要开门窗，充分散发药味后才能培养菌种；进入无菌室，利用无菌箱进行接种操作。75%浓度的酒精，0.1%的升汞溶液和10%～20%的生石灰水上清液，只能用作表面消毒或灭菌。用0.1%升汞溶液作分离物表面消毒时，时间不宜太长，以免渗透入菌物组织内部，杀死或杀伤内部组织。表面消毒后，也要用无菌水，振荡洗涤4～5次，才能取内部组织进行分离。汞是一种极毒药物，虽然用量很小，但能够在人体内积累，因此使用时要特别注意安全。严禁入口或污染食物。用多种杀虫剂防治多种害虫，要选择低毒、高效的药品和低剂量。禁止使用极毒的化学药品。严防人、畜中毒，可用0.5%的敌敌畏、20%的可湿性三氯杀螨砜、0.5%生石灰水、1%食盐水和1∶500～800倍的鱼藤精等，只能喷洒培养室、培养架、地面和墙壁。毒性较强的化学药物，切忌喷洒在金耳的菌丝体，特别是子实体上。要求使用应及时、合理，“治早、治少、治了”。

用毒谷、毒饵防治老鼠，要特别注意安全，最好不要在耳房（棚）内撒毒谷、毒饵，可采用其他方法。请参考金盾版农业部植保总站专家赵桂芝等编著的《农业鼠害防治指南》。

四、其他辅助性的综合措施

首先，要特别注意防除和消灭多种病菌和害虫的侵袭和污染来源，菌种培养室和耳房棚要设置在环境清洁、空气新鲜、通风良好、水源干净、无鼠害的地方，远离垃圾堆、粪堆、粪塘、厕所、牲畜舍和禽舍；工作室内外要经常保持环境卫生，培养室地面、墙壁、走道要经常喷洒灭菌、防虫药物，如喷洒生石灰水上清液，撒生石灰粉，洒来苏儿溶液。最好用细孔塑料纱封闭窗口，做成活动的门框和塑料纱门，适当地通风换气。菌种培养室和耳房都要经常检查菌种生长和出耳情况，加强管理，发现病菌污染和害虫侵袭，要及时处理，将污染的菌瓶、菌袋清除出耳房，在远离培养室和出耳室的背风处，将污染物和菌料集中埋入坑内，再撒生石灰杀灭杂菌，不留隐患。被污染的培养瓶、试管和用具要用浓石灰水浸泡，集中用高温高压、常温常压做灭菌处理。被老鼠咬烂或抓破的菌种瓶口和塑料袋，特别是刚刚接种、尚未生长菌丝的空白菌瓶(袋)，要及时清除出耳房，重新装瓶、装袋灭菌接种，不能任意堆放，促成病虫的滋生繁殖。这样，既减少损失，也可有效防止病虫乘虚而入，造成严重污染和侵袭来源。

五、及时鉴别，准确防除

制备金耳菌种和栽培出耳的人员，要具有及时鉴别，准确防除各种病虫害的能力。鉴别，要以肉眼直观鉴别为主，微观鉴别为辅，例如制备金耳菌种和分离培养的母种试管斜面和平板表面，如果有冷凝水存在，就急于分离培养或转管扩菌，常常会诱发各种细菌的严重污染。细菌菌落的粘液，会首先沿着冷凝水液，迅速分裂繁殖，很快就长满整个试管斜面和平板表面。这样的斜面和平板，要趁早处理，全部用高温高压或常温常压灭菌。没有灭菌条件的，也可以用普通蒸锅将培养基煮化，将化入水中的污染物集中倒入坑内、粪塘内。对污染的试管、三角瓶、罐头瓶，要集中用浓生石灰水浸泡消毒灭菌。在冷凝水消失的试管斜面和平板表面，发生细菌污染较少。如果在接种的耳块周围，很快出现分散或密聚的霉菌、细菌、酵母菌菌落，其原因多半是由于种耳带菌，也要及时采取相应的防除措施。

前面说过，采用菌龄超过2.5个月以上的种耳制备菌种，容易产生潜伏性的杂菌污染。所谓“潜伏”，是指菌龄大的种耳，由于生活力减弱，原来潜伏于菌料中处于压抑状态的各种杂菌，就有可能滋生、繁殖起来。各种霉菌、细菌孢子就有可能混杂在金耳菌瓶（袋）的基面、基内和子实体上，由于病菌很小，用肉眼甚至在解剖镜下都无法鉴别，又不便于用显微镜检查。用这样的菌种和种耳分离培养母种、原种和栽培种，很快就在分离物附近和四周出现多种霉菌细菌的菌落，菌落越密集，说明菌种带菌越严重。细菌菌落在固体培养基面、基内显示不出来，只有等到培养的中后期，才能看出细菌污染的拮抗斑，发出刺鼻的各种气味。这时的杂菌污染，实际上已经发展到相当严重的地步。

属于菌种或培养料带菌所造成的病菌污染，通常是成批的污染。培养料带菌，多半属于灭菌不够彻底，也有由接种培养物和空气带菌的因素。管理人员要及时检查，发现带菌要及时观察、鉴别和消灭。属于菌种带菌的，要以防为主。接种前，要严格掌握菌龄，更要严格挑选有效优良种耳，只能用生长发育最优良，菌龄最短的菌种瓶分种、扩种。达不到要求的菌种瓶，不要轻易用来分种扩种。如果菌种标准实在难于达到规范标准，为慎重起见，要先在无菌条件下，在没有充分把握的每个菌种瓶（袋）取1～3个1立方厘米的耳块，进行分种测试。5～6天后检查，如果接种块周围没有出现任何菌类的污染菌落，才能使用，这后一种情况，在优良种耳充足时，要尽量避免，不要因小失大。

属于培养料带菌或灭菌不彻底的菌种瓶（袋）要及时发现，趁早将菌料掏出或抖出，先在强烈的日光下暴晒2～3天，再撒上适量的生石灰，按常规调水拌料，装好瓶（袋），重新入锅上灶，进行高温高压或常温常压灭菌。灭菌的时间，要适当延长一些，经过彻底灭菌后，重新用最佳良种制作直接出耳用的栽培种，不能制作接、扩用的菌种。如果不是出现成批的污染，而是出现分散的少量的菌瓶(袋)污染，其直接原因，或者是空气污染，即开瓶(袋)接种时，没有严格按照操作工艺，在无菌条件下接扩菌种，使空气中存在的病菌孢子掉入接种瓶中，1 个孢子就能形成 1 个小菌落；或者是接种工具带菌，用工具取菌种前，工具没有经过消毒灭菌，将外面的杂菌带入瓶内；或者是封闭瓶口或袋口的牛皮纸、报纸、棉花头，接触到有病菌存在的物品，将杂菌带入瓶内。总之，对各种具体情况要善于具体分析，及时鉴别，才能及时、彻底防除，消除隐患。

只要能够认真做到以上 5 个方面，就能够基本上杜绝和减免病虫害的发生，把病虫害造成的损失降到最低限度是完全可能的。

附　录

金耳(Tremella aurantialba Bandoni & Zang. sp. nor.)国家级制种技术规范试行方案

（草案要点）

制定人:昆明食用菌研究所资源室

刘正南　（签　字）

郑淑芳　（签　字）

制定日期:一九九九年元月一日

著者说明

在国内外普遍认为金耳引种驯化、段木和代料批量栽培难度很大，并且无一成功先例的情况下，自 1982 年 3 月至 1990 年 12 月份，云南省委办公厅、云南省科委、国家商业部科技司，顺序下达金耳攻关课题后，由原商业部昆明食用菌研究所法定主持人刘正南、郑淑芳主持省内外协作，先后完成了金耳野生资源考察、引种驯化、段木和代料批量人工栽培的生产试种和大面积推广，变野生稀有资源为能够大批量商业化生产的新品种，取得了明显的经济效益和社会效益，并取得全国各大区示范成功的证件。实践证明，突破金耳制种的技术难关，是试种和大面积推广成败的关键，已取得的应用基础理论和攻关技术工艺的创新，能够在国内外广泛推广应用。该项成果，属于国内外首创，达到国际先进水平。过去，国内外长期误定的金耳拉丁学名，应全部订正为 Tremella aurantialba Bandoni & Zang. sp. nor.。国内外长期争议的部分应用基础理论问题，已得到初步的订正或澄清。

鉴于金耳子实体结构的特殊性和复杂性，使金耳的制种技术，长期成为攻克驯化栽培的禁区。自从世界上著名的菌学权威 Eles Fries(1815—1822)，首先论述并正式建立耳包革属或白耳属(Naematelia Fries)概念后，各国的许多真菌学家同样认为，金耳的子实体，系由外层的一种金耳和内层的一种革菌(Stereum 型)联合组成的异质复合体，因此，金耳引种驯化、人工栽培难度很大。世界著名的银耳目(Tremellales)专家 R. J. Bandoni(1961—1965)曾两次人工培养试种金耳，但均未获得子实体。1965 年，著名的真菌学家小林义雄，再次培养试种金耳,也未成功。1977 年前后,国内外一些真菌学家,沿用 Eles Fries 氏的论点,强调金耳的制种,必须在子实体内外层交界的有限部位,索取小块组织,才能获得金耳和粗毛革菌混合菌丝的出耳菌种,用这种方法指导科研和生产,不仅应用不便,而且出耳率低而不稳,甚至完全不能出耳。一些真菌学者,习惯沿用单一体菌类,木耳〔Auricularia auricula (L. ex Hook.) Underwood〕和伴生菌类银耳(Tremella fuciformis Brek.)的耳木分离法,试图获得金耳的出耳菌种,经过多批次的大量分离培养,只出 Stereum 型革菌,却完全不能获得金耳的子实体。1982~1996 年,刘正南、郑淑芳从野生金耳资源考察入手,多途径、多方法引种驯化金耳菌种。终于在 1983 年 1 月 16 日获得了第一朵和第一批金耳子实体。在段木、代料批量栽培金耳获得成功的基础上,进一步采用显微技术分析法对子实体进行分层化学分析和物理方法测试,系统研究金耳的形态解剖学和应用生物学基础,简化和充分完善制种工艺,首次确定了金耳有效优良菌种的制作、鉴定、分级标准。使大批量菌种生产的有效率或出耳率,长期稳定在 96.8%~100%,使金耳段木、代料栽培的大面积推广获得了可靠的保证。这项成果来之不易。

一、制定金耳制种技术规范的目的、意义和职权范围

为了确保科研、生产、经营者的实用效果和经济利益,不断促进产业化生产和经济的持续发展,统一按国家规范化指标,制定出完整而又切实可行的制种方法、技术要点和种质鉴定标准,不仅十分必要,而且势在必行。

金耳制种规范，首先明确规定了金耳制种的特定方法和技术要点。从大量的生产实践经验中，总结出有效优良菌种和无效劣质菌种的直观鉴别方法和指标，便于大面积推广和应用。用简单的文字和实物彩色照片，对比有效优良菌种和无效劣质菌种的外观综合特征，对指导科研、生产特别是产业化经营，都具有重要的经济意义和理论价值。

本规范先在全国范围内试行使用，待完全成熟后，代表国家行使技术职权，旨在对国家、对全国人民的最高利益负责。凡从事于金耳制种生产、经营、销售的单位或部门，都必须严格按照规范所规定的宗旨和技术指标实施，不得违反本规定的各项准则。

二、制种方法和技术要点

（一）金耳母种的初次筛选，只能选用生长优良的野生金耳子实体或段木栽培的金耳子实体，进行组织分离和纯培养，耳木分离无效。

（二）目前，不能单纯采用金耳孢子（包括担子孢子、分生孢子或芽孢、粉孢子或节孢子）分离培养金耳的有效优良菌种。

（三）采用金耳的最佳优良种耳，进行随机取样法、投耳法，取子实体的组织，分离培养金耳的有效优良母种、原种和栽培种；继代复制有效优良母种、原种和栽培种，是实现产业化生产的重要手段和途径。制种工艺流程详见图19。

（四）通过组织分离培养法获得的金耳有效优良菌种，都是由金耳型和毛韧革菌型双重菌丝体自然搭配的混杂型菌种。二型菌丝体的自然搭配，是密切相关的，很难用常规方法

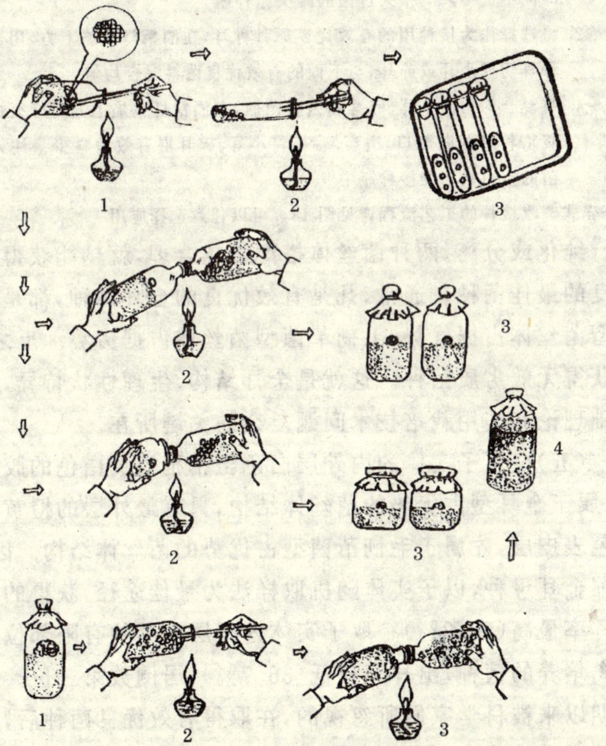

图 19 在酒精灯火焰上方,制作有效优良母种、原种和栽培种的工艺流程示意图

上 1. 将选择作为接种用的有效优良原种种耳,在酒精灯火焰上方,用快刀切成 1 立方厘米的耳块备用

上 2. 用灭过菌的大镊子,夹取 1 至多块 1 立方厘米的接种耳块,接入灭过菌的试管斜面上

上 3. 接好种的试管斜面母种,斜放入珐琅盘内排列培养

中上 2. 将上述备用的耳块菌种瓶,在火焰上方,对好灭过菌的空白原种蘑菇瓶口,适当倾斜,将 1 块 1 立方厘米的耳块,滚入灭过菌的空白原种瓶中

中上 3. 接好种的原种灭菌瓶,将种耳滚在基面中心位置培养

中下 2～3. 同中上 2～3. 接灭过菌的罐头原种瓶

下 1～2. 将选择作为接种用的有效优良原种种耳，在酒精灯火焰上方，用快刀将种耳切成小耳或碎耳，与下面的有效优良菌料混合均匀

下 3～4. 将混合均匀的小耳、碎耳和菌料菌瓶，在酒精灯火焰上方对好灭过菌的栽培种蘑菇瓶瓶口，适当倾斜，将小耳、碎耳混有效菌料少量注入灭过菌的空白栽培种接种瓶中

＊茶壶式蒸汽接种的工艺流程详见图 18。可以任意选择应用

进行纯化或分离。两种菌丝体搭配得越合理，就越能获得有效优良的最佳菌种。通常，凡是有效优良的金耳菌种，都是以金耳型菌丝体占据优势，毛韧革菌型菌丝体占据劣势。反之，只能获得无效劣质菌种。这就是金耳结构、生理性状特异，应用基础理论和实用栽培技术问题复杂的关键所在。

（五）金耳子实体的内外层白色至稍稍淡黄白色的胶质组织，属于金耳型占优势的菌丝体结构，只有最外层的橙黄至金黄色表皮层，才属于毛韧革菌型占优势的菌丝体结构。因此，初筛金耳母种，以子实体随机取样法为最佳途径，获得的有效出耳率最高（58.2%）。取子实体内外层交界的有限部位组织分离培养的菌种，出耳率较低（36.7%），居倒数第三位。这是长期以来被科学家们所忽视的，在取得有效优良菌种后，以子实体随机取样的投耳法为最佳途径，也是长期以来被科学家们所忽视的最简便方法。

三、有效优良菌种的直观鉴别

实践表明，金耳二型菌丝体自然搭配的混杂型菌种，无论是初筛或转管转瓶复筛母种、原种和栽培种，其培养性状用肉眼就可以直观鉴别，准确度与用高倍显微镜抽查基内菌丝体的自然搭配相近似，便于大面积推广和应用。这是制作金耳有

效优良菌种的定性标准。

用有效优良原种的菌料转筐、转瓶、转袋扩制菌种，容易发展成无效劣质菌种，菌料菌丝体浓密，取菌料困难。

四、有效优良菌种和无效劣质菌种的直观比较

表 19　有效优良菌种的外观综合特征

培养性状	母种	原种	栽培种
菌苔结构和色泽	菌丝体较疏松，接种块周围呈淡黄白色至白色	菌丝体较疏松，细绒毛状，淡白色至白色	近似原种
基内菌丝体	无	较疏松，后期有时形成拮抗线或拮抗斑	稍浓密至较疏松，有时也形成拮抗线或斑
二型菌丝体搭配比例	金耳型菌丝体占优势或稍占优势	前期，金耳型菌丝体占优势，后期革菌型菌丝体略有增多	近似原种或革菌型菌丝体较原种多些
菌苔表面形成子实体特征	受接入种块大小和形状影响，呈无定形块状，白色至浅肉色	中大型至大型，团块状至脑状，白色、丰满、只长金耳子实体	因用碎耳混菌料接种，形成大小不等的小耳混杂于基面疏松的菌丝中，小耳呈白色
菌龄(以适温培养为准)	斜面试管种不超过 10 天，平板种视投入种块大小或数量略有差异	蘑菇瓶装料半瓶量的最佳菌龄 1～1.5 个月	蘑菇瓶装料至瓶肩的最佳菌龄为 1.5～2 个月
杂菌污染	无	无	无
黄色分泌液	无至稍稍轻度	无至稍稍轻度	无至稍稍轻度

表 20　无效劣质菌种的外观综合特征

培养性状	母　　种	原　　种	栽　培　种
菌苔结构和色泽	菌丝浓密、旺盛，接种块周围橙黄色，范围较大	菌丝体浓密、旺盛，基面菌丝体淡黄褐色至黄褐色	近似原种
基内菌丝体结构	无	同上，紧实坚固，取料十分困难，瓶壁上形成老菌皮	近似原种
二型菌丝体搭配比例	毛韧革菌型菌丝体占优势	毛韧革菌型菌丝体占绝对优势	近似原种
菌苔表面形成子实体特征	气生菌丝较旺盛，结构紧密，耳块不见长大	气生菌丝爬壁力强，分化形成毛韧革菌子实体	近似原种
杂菌污染	严　重	除常见毛韧革菌外，还有各种霉菌和细菌	近似原种
分泌物	种块上黄色分泌液大而多	明显吐黄水	近似原种

采用劣质菌种播种，偶尔有极低的出耳率，通常完全不能出耳。形成无效劣质菌种的原因：一是单纯采用母种斜面菌丝，特别是采用无效原种和栽培种的多菌料扩制菌种；二是采用有效原种和栽培种的多菌料或采用种性不良的有效菌料混少量耳块扩制，基质氮源含量较高，培养温度偏高，投入耳块滚入固体培养基穴低，都容易形成无效劣质菌种。

五、科技术语注释

(一)金耳(Tremella aurantialba Bandoni & Zang.) 在菌物界真菌分类学领域中,因隶属于银耳目(Tremellales),银耳科(Tremellaceae),银耳属(Tremella Dill. ex Fr.),子实体具有橙黄至金黄色的主要特征,故又名橙黄银耳、黄金银耳。因外观形态近似脑形,有时呈肠状,故又名脑形银耳、肠状银耳,或简称脑耳。是一种野生珍贵稀有,家种高产稳产的食品、药物兼用菌。野生种主产于云南省的丽江、维西、中甸、德钦等县,靠近金沙江和澜沧江流域的河谷地带。子实体大型至中大型,鲜时表面橙黄至金黄色,内部胶质细腻,有浓香气味。风干后,整体坚硬,近于角质,体形明显缩小。继续着眼于食、药、名特产品的深加工研制,可望国内外全面开发,潜力无限。

(二)真菌 属菌物界微小生物类群中的一大类,一般来说,真菌个体都比细菌和放线菌大。但与人类密切相关的高等真菌(其中包括金耳),其个体多半是中大型至大型的,用肉眼就可以看清子实体的外形,其内部组织由无数细长的分枝或不分枝的菌丝组成。

(三)菌丝体和子实体 真菌类通常具有两种基本形态特征,即进行营养生长的丝状结构,叫做菌丝体;进行孢子繁殖的繁殖体结构,叫做子实体。金耳子实体,就是可供食用或药用的脑状结构,其微细结构,必须借助于较高倍的显微镜才能看得清楚。

(四)有效优良菌种和无效劣质菌种 与所有单一体菌类(例如:平菇、香菇、金针菇、木耳等)相比,金耳子实体结构极其特殊,系由内层的一团胶质金耳和外表皮层的薄层毛韧革菌联合组成的异质复合体，这与爱丽斯·佛雷斯(Eles Fries)的论述耳包革属的结论不同。因此，不研究和掌握金耳的制种原理和子实体结构特性，错误地采用常规单一体菌类和银耳菌的制种方法，都往往只能获得无效劣质菌种，绝不可能形成金耳，只能形成毛韧革菌的菌丝体和子实体。只有严格采用规范化的独特制种方法，掌握金耳的生物学特性和制种技术要点，才能获得品质兼优、能出大耳的有效优良菌种。

(五)金耳母种 又称做一级菌种或试管斜面和三角瓶、蘑菇瓶、罐头瓶平板母种。所有单一体菌类的一级菌种，或用孢子进行分离培养，或用子实体组织进行分离培养，促使母体的孢子或子实体组织在人工培养基上形成菌丝体菌种。金耳母种的制作与所有单一体菌类的母种制作要点都不同。用任何类型的金耳孢子进行纯培养获得金耳型的菌丝体，都很难在人工培养基上正常生长。用金耳子实体的小块组织，进行常规性的组织分离培养，也往往会转化为无效劣质母种。只有采用特定的规格化的较大耳块制种，才能获得较高出耳率的有效母种。在未拥有金耳有效优良原种的情况下，很有必要从野生金耳子实体上分离制作有一定出耳率的金耳母种。

(六)金耳原种 又称代料瓶装或袋装二级菌种。在获得金耳有效母种后，要致力于制作金耳有效优良原种，这是金耳代料批量栽培的可靠保证，是最重要的金耳制种方式。有效优良原种的制作，要选择大型、饱满、优质、形正、菌龄最佳、无杂菌污染、不吐黄水的最佳子实体为主体。控制菌丝体在代用料固体培养基上的移植量强化良种种耳的生长发育，采用最佳培养料，半瓶菌料装瓶量，投耳法和子实体随机取样法，是制作金耳有效优良原种的重要方法。这种方法既节省代用料，又有利于金耳二型菌丝体的自然搭配和子实体的正常生长发育，成品率通常在98.6%～100%。原种的概念和制种方法，都与单一体菌类的菌丝体原种制作有根本的区别。

(七)继代复制金耳有效优良原种　在获得最佳金耳有效优良原种的情况下，代料栽培和段木栽培所需菌种的大批量生产，必须以继代复制金耳最佳有效优良原种为重要手段。实验表明，含大型或块型金耳子实体的有效优良原种，特别是用试管斜面和三角瓶平板制作的有效优良母种，如果用冰箱低温保藏，对菌种的优良种性都有不同程度的影响，保藏时间越长，则不良影响越大。因此，应根据科研、生产的实际需要，有计划、有步骤地分期分批挑选出一定量的最佳原种，作为继代复制最佳有效优良原种。分别进行良好的保存，可以适当降低培养室的温度，延缓菌龄老化。这样做，不仅简便易行，而且可以较长期(甚至数年)保持复制原种的优良种性。这样的继代复制原种，主要提供大面积代料栽培的需要，也可以按段木栽培的需要转扩为金耳有效优良的栽培种。

(八)金耳有效优良栽培种　因金耳有效优良栽培种制种的目的和方法不同，可称为金耳三级菌种或段木栽培种。为了提供大面积段木栽培的需要，要制作以菌丝体菌料为主体的有效优良栽培种，装常规的菌料量至瓶肩，采用良种碎耳、小耳混有效优良菌料法扩制，这与所有单一体菌类的纯菌丝体栽培种制作也有很大的区别。金耳段木栽培通常在山区和野外进行，生态环境近似于野生金耳。因此，段木栽培种，要以二型混杂菌丝体菌料为主体，并适当增大毛韧革菌型菌丝体的含量。这有利于金耳型菌丝体在基物内生长定植，促进金耳原基分化和子实体生长发育。段木栽培只用菌料，不用子实体，无数小耳在菌苔表面的出现，标志着制作的栽培种是有效优良的，基内二型菌丝体的自然搭配是适当的。用这样的菌种大面积播种最佳适生段木，通常能获得100%的有效出耳率和最佳耳质。

(九)代料栽培 采用适于金耳菌丝体生长和子实体形成的最佳代用培养料，实行瓶、袋式栽培，不仅不受季节和段木资源的限制，而且可代用的材料来源广泛，良种良法获得的生物转化率优于段木栽培。

(十)段木栽培 为了获得高产稳产的生物效益，提倡选用最佳适生树种黄毛青冈、黄刺栎和麻栎按常规规格截段，进行人工栽培。由于生态环境与野生金耳近似，采用有效优良菌种人工接种培养，不但出耳率高，而且生物转化率显著优于野生金耳。

(十一)生物转化率 金耳在伴生毛韧革菌的友好帮助下，才能在含有粗纤维的适生基物上正常生长发育，形成最佳子实体。用统计学方法，可以计算出，用一定质量的代用培养料，经过金耳二型菌丝体的分解利用，能够形成多大质量的金耳子实体。转化率越大，则生产率越高。例如：用重量为1千克的木屑培养料袋栽金耳，如果形成金耳子实体的鲜重量为1千克，则生物转化率为1∶1，即1千克木屑培养料，可以生产出1千克鲜重的金耳。

(十二)杂菌污染 与人工培养的金耳，在一起习居腐生的杂菌很多，常见的有各种霉菌、细菌、酵母菌、木耳、毛韧革菌等。由于各种杂菌的生活力甚强，如果金耳菌种种质低劣，分离培养又不能严格按技术规范操作，就很容易出现各种杂菌与金耳菌种相伴滋生繁殖。轻则影响金耳正常生长发育，重则完全毁种。

(十三)菌龄 以制作金耳有效优良原种为例，在金耳菌种适宜的生长发育条件下，自接种金耳的有效优良菌种，到金耳二型菌丝体开始恢复生长、定植，接种的耳块开始恢复生长之日起，到二型菌丝体在培养基面或基内生长蔓延，菌丝体吃料满瓶、满袋；投入的良种耳块，在基质表面充分长大，形成白色的中大型脑耳之日止，所经历的日期，称为该菌种的菌龄。有效优良母种的最佳菌龄，要求不大于10天。750毫升蘑菇瓶半瓶至大半瓶装料量和500毫升罐头瓶半瓶至大半瓶装料量的有效优良原种、继代复制有效优良原种的最佳菌龄为1个月，要求不大于1.5个月，最多不超过2个月。用蘑菇瓶和罐头瓶装料至瓶肩的有效优良栽培种，最佳菌龄为1.5～2个月，最多不超过2.5个月。购买各类金耳菌种，都应该在未满菌龄，但已经可以确定属于有效优良菌种时提前购买，以便购回后按最佳菌龄时间接种、扩种或播种。

著者简介

第一著者刘正南，男，1933年5月生，云南省昆明市人。1956年毕业于沈阳农学院植物保护系。中共党员，高级研究员。1956～1982年，在原中国科学院林业土壤研究所从事植物病理和高等真菌资源分类研究工作，完成科学成果24项。1982年至今，在云南省昆明市原商业部昆明食用菌研究所从事经济菌类资源分类及珍稀菌类开发研究工作，完成重大科技成果两项。曾担任云南省金耳协作领导主委、金耳项目第一法定主持人。在国内外出版科学技术专著7卷，获中国科学院二、三等奖励，并列入国家科技成果公报。《金耳开发及应用生物学基础》专著，有重大发明和科技突破，为国内外首创，达到国际先进水平，被省内外6家电视台录像传真，3家大报作为重大科技新闻报道。在国内外公开发表论文196篇。著者建立的中国西南部的经济真菌标本馆、金耳、资源成果展览馆、新技术新产品展销室被国际植物分类学会注册认可，国际交流代号为K、E、F菌类标本馆。自1983年正式向国内外开放以来，已接待21个国家，中国港、澳、台地区和国内著名专家、教授、学者、科技工作者、生产经营者、教育工作者、大专院校师生参观、学习、交流和国际贸易洽谈，受到广泛的欢迎和较高评价。著者被誉为行业科学家和真菌专家，事迹被收录入《中国学术论著总目提要》、《中国农、林、牧专家辞典》、《中国国际名人辞典》等大型人物辞书，多篇论文获优秀论文奖，获荣誉证书和多种学术兼职聘书，荣获世界文化名人成就奖。《云南日报》1993年以《在荒原中奋进》专题报道著者的事迹。